Aufgaben aus der Technischen Thermodynamik

Von

Dr.-Ing. habil. Hugo Richter

Gummersbach

155 Aufgaben mit 55 Abbildungen
und 35 Zahlentafeln

Springer-Verlag

Berlin / Göttingen / Heidelberg

1953

ISBN 978-3-642-53189-7   ISBN 978-3-642-53188-0 (eBook)
DOI 10.1007/978-3-642-53188-0

Vorwort

In diesem Büchlein habe ich die grundlegenden Probleme der technischen Thermodynamik in Form von praktischen Aufgaben behandelt. Mit dieser Aufgabensammlung soll sowohl einem Bedürfnis der technischen Praxis als auch der Studierenden entsprochen werden, in gedrängter Kürze Anleitung für Wärmerechnungen zu finden. Zum klaren Verständnis für den Leser schließt die Berechnung unmittelbar an die Aufgabenstellung an, wobei zahlreiche Abbildungen die Einsicht erleichtern. Die formelmäßigen Ansätze und die Nebenrechnung sind, soweit notwendig, mit aufgeführt. Ich habe allenthalben einheitliche Bezeichnungen, Abkürzungen und Dimensionen des technischen Maßsystems angewandt, die in einer Zusammenstellung am Schlusse nochmals erläutert werden. Zur Erleichterung für den weniger geübten Leser habe ich den Faktor $A = 1/427$ kcal/kg als Umrechnungswert des mechanischen Wärmeäquivalents in der Rechnung mitgeführt, so daß sich die Bezeichnung L für die Arbeit stets in mkg versteht. An Stelle der früher üblichen Bezeichnung „Wärmeinhalt (bei konstantem Druck)" wird durchweg das Wort Enthalpie gebraucht.

Anwendungsgebiete der Thermodynamik, wie Wärmeübertragung, Strömung, Vergasung, konnten im Rahmen dieser Ausführungen nicht berücksichtigt werden. Ihre Behandlung muß einer Sonderschrift vorbehalten bleiben.

Gummersbach, im März 1953.

Hugo Richter.

Inhaltsverzeichnis.

Zeichenerklärung.

l Länge in m,

h Druckhöhe in m, mm WS, mm QS, Torr,

d Durchmesser in m,

s Hub in m,

D Durchmesser in mm,

F Fläche in m²,

V Volumen in m³ oder m³/kg oder für andere Mengen,

r Raumanteil in m³/m³,

M Molekulargewicht,

m, n Mengenverhältnisse (in Molen),

G Gewicht in kg,

D Dampfgewicht in kg,

L Luftmenge in kg oder m³,

W Wassermenge in kg oder m³,

B Brennstoffmenge in kg oder m³,

g Gewichtsanteil in kg/kg,

x Dampfgehalt in kg/kg,

l Arbeit in mkg/kg $(dl = P\,dv)$,

$L = Gl$ Arbeit in mkg,

l' Arbeit in mkg/kg $(dl' = v\,dP)$,

$L' = Gl'$ Arbeit in mkg,

P Druck in kg/m² oder mm WS

p Druck in kg/cm² oder at

γ spezifisches Gewicht in kg/m³,

δ Relativgewicht (Luft = 1),

v spezifisches Volumen in m³/kg,

n Drehzahl oder Spielzahl in min^{-1},

w mittlere Strömungsgeschwindigkeit in m/s,

g Fallbeschleunigung in m/s²,

N Leistung in mkg/s, kW, PS,

t Celsiustemperatur in Grad (°C),

T absolute Temperatur in Grad (°K)

R (spezielle) Gaskonstante in mkg/kg Grad = m/Grad,

q Wärmemenge in kcal/kg $(Q = Gq$ in kcal)

u innere Energie in kcal/kg $(U = Gu$ in kcal),

i Enthalpie in kcal/kg $(I = Gi$ in kcal),

r Verdampfungswärme in kcal/kg,

c spezifische Wärme(kapazität) in kcal/kg · Grad,

C spezifische Wärme(kapazität) in anderen Mengen,

$\varkappa = c_p/c_v$ Adiabatenexponent,

n Polytropenexponent,

s Entropie in kcal/kg · Grad $(S = Gs$ in kcal/Grad),

$A = 1/427$ kcal/mkg mechanisches Wärmeäquivalent,

H Heizwert in kcal/kg oder für andere Mengen,

H spezifische Heizleistung in kcal/kWh,

K spezifische Kälteleistung in kcal/kWh,

W Wärmebedarf in kcal/kWh,

α Kontraktionszahl,

η Wirkungsgrad,

η_{th} thermischer Wirkungsgrad,

ε Leistungsziffer,

φ relative Feuchtigkeit,

ψ Sättigungsgrad,

λ Luftüberschußzahl,

σ Brennstoffkennzahl für Sauerstoff,

ν Brennstoffkennzahl für Stickstoff,

α Anteil des verbrannten Brennstoffes,

c, h, o, n, s, w, a Gehalt eines Brennstoffes an Kohlenstoff, Wasserstoff, Sauerstoff, Stickstoff, Schwefel, Wasser und Asche in kg/kg,

CO_2, O_2, CH_4, N_2, ... Gehalt von Brenngasgemischen oder von trockenem Abgas an den betreffenden Einzelgasen in m³/m³,

$O_{\min}$, $L_{\min}$ die zur vollkommenen Verbrennung der Mengeneinheit des Brennstoffes erforderliche Mindestmenge an Sauerstoff oder Luft in Nm³ oder kmol.

Zeiger.

a Abgas
a Anfangs-
a außen
ad adiabatisch
D Dampf
e End-
e effektiv
f feucht
g Güte
h stündlich
i, n beliebig
i das i-te Glied
is isothermisch
k kritisch
K Kompressor
L Luft

m Mittel
m mechanisch
M Motor
max maximal
min minimal
N Normal-
o oberer
o (im Sinne von Null) untere Temperaturhaltung, zu 0° C gehörig
S Sättigungs-
t bei t Grad
t trocken
th thermischer
u Umgebungs-

w wirtschaftlich
W Wasser
x in Entfernung x
p, v, t, i als Zeichen, daß diese Größe konstant bleibt
$1, 2, 3, \ldots$ Zustände
$'$ vor Prozeß
$'$ Flüssigkeitszustand
$''$ Dampfzustand

Sonstige Abkürzungen

QS Quecksilbersäule
WS Wassersäule
Abb. Abbildung

I. Vollkommene Gase, allgemeiner Gaszustand.

Unter vollkommenen Gasen werden hier solche verstanden, die genau oder mit genügend großer Annäherung dem allgemeinen Gasgesetz $PV = GRT$ folgen. Die meisten technischen Gase verhalten sich im praktischen Anwendungsbereich wie vollkommene Gase. Das gilt genau genug für alle Eigenschaften mit Ausnahme der spezifischen Wärme, deren Abhängigkeit von der Temperatur nicht vernachlässigt werden kann. Betrachtet wird das Verhalten einfacher technischer Gase oder das von Gemischen aus mehreren einfachen technischen Gasen.

Aufgabe 1. Der Druck eines Gases in einem Behälter wird mittels Röhrenfedermanometer zu 6,48 at Überdruck (atü) gemessen. Wie groß ist der absolute Gasdruck bei einem Barometerstand von 744,7 Torr?

$$P = \frac{744{,}7}{760}\,10332 - 6{,}48 \cdot 10^4 = 74\,920 \text{ kg/m}^2; \qquad p = 7{,}49 \text{ at abs.}$$

Aufgabe 2. Wieviel sind 1143° F ausgedrückt in °C? Wieviel Grad Fahrenheit entsprechen 220,4° C und $-2{,}0$° C?

$$
\begin{aligned}
t_1 &= 0{,}556 \cdot (1143 - 32) = 617{,}7° \text{ C};\\
t_2 &= 1{,}8 \cdot 220{,}4 + 32 \quad = 428{,}7° \text{ F};\\
t_3 &= 1{,}8 \cdot (-2{,}0) + 32 \quad = +28{,}4° \text{ F.}
\end{aligned}
$$

Aufgabe 3. In einem Behälter befindet sich ein Gas unter 47,2 vH Vakuum. Unter welchem absoluten Druck steht das Gas, wenn der äußere Luftdruck 758,4 Torr ist? Durch Zufuhr weiteren Gases wird der Druck im Behälter bis auf $+322{,}4$ Torr heraufgesetzt. Wie groß ist dann der absolute Gasdruck?

Der absolute Luftdruck ist

$$P_0 = 10332\,\frac{758{,}4}{760} = 10310 \text{ kg/m}^2.$$

Der absolute Gasdruck ist

$$P_1 = \frac{47{,}2}{100}\,10310 = 4866 \text{ kg/m}^2;$$

$$P_2 = \frac{758{,}4 + 322{,}4}{760}\,10332 = 14\,690 \text{ kg/m}^2.$$

Aufgabe 4. Bei einem Prozeß wird eine Unterdruckkammer auf 0,90 at Unterdruck (atu) gehalten (geregelt mittels Vakuummeter).

Um wieviel vH schwankt der absolute Gasdruck in der Kammer, wenn der äußere Luftdruck 760 Torr $\pm$ 2 vH ist?

$$b_{max} = 775 \text{ Torr}, \qquad b_{min} = 745 \text{ Torr};$$
$$0{,}90 \text{ at} \triangleq 0{,}90 \cdot 736 = 662 \text{ Torr};$$

$$\left.\begin{array}{l} \text{größter Gasdruck} \quad 775 - 662 = 113 \text{ Torr} \\ \text{kleinster Gasdruck} \quad 745 - 662 = 83 \text{ Torr} \end{array}\right\} \; 98 \pm 15 \text{ Torr};$$

$$\text{Schwankung } 98 \text{ Torr} \pm 15{,}3 \text{ vH}.$$

Aufgabe 5. Wie groß sind spezifisches Volumen und spezifisches Gewicht von trockener Luft bei 200° C und 720 Torr? (Gaskonstante $R = 29{,}27$ m/Grad).

$$v = \frac{R\,T}{P} = \frac{29{,}27 \cdot 473 \cdot 735{,}6}{10000 \cdot 720} = 1{,}414 \, \text{m}^3/\text{kg};$$

$$\gamma = 1/v = 0{,}7070 \text{ kg/m}^3.$$

Aufgabe 6. Wieviel wiegen 5 m³ Methan (Gaskonstante $R = 52{,}90$ m/Grad) bei 1,1 at abs und 20° C?

$$G = \frac{P\,V}{R\,T} = \frac{1{,}1 \cdot 10000 \cdot 5}{52{,}90 \cdot 293} = 3{,}548 \, \text{kg}.$$

Aufgabe 7. Mit einem Meßgerät wird eine Wasserstoffmenge zu 21 000 m³ gemessen bei 18° C und einem Überdruck von 140 mm WS (Barometerstand 754,2 Torr). Wieviel wiegt diese Wasserstoffmenge (Gaskonstante $R = 420{,}6$ m/Grad)?

$$G = \left(\frac{754{,}2}{735{,}6} \, 10000 + 140 \right) \frac{21000}{420{,}6 \cdot 291} = 1783{,}2 \text{ kg}.$$

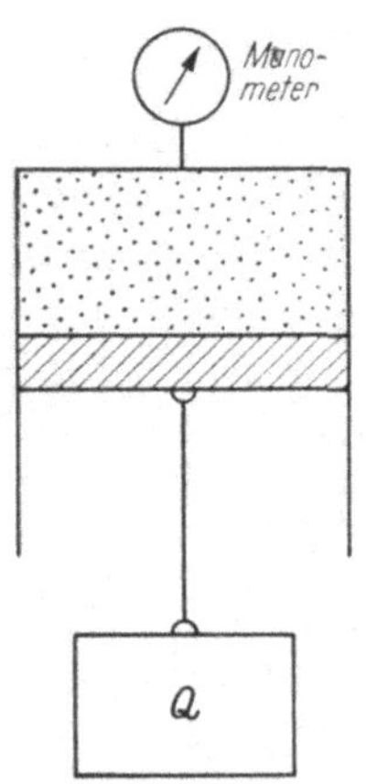

Abb. 1. Zu Aufgabe 8.
Wiegeeinrichtung.

Aufgabe 8. Eine Waage ist wie in Abb. 1 beschaffen. In einem Zylinder ist eine gewisse Gasmenge eingeschlossen unter einem Druck $P_1 < P_0$, d. h. kleiner als der äußere Luftdruck. Die Druckdifferenz $P_0 - P_1$ vermag das Gewicht G von Kolben und Aufhängevorrichtung zu halten. Nunmehr wird eine Last Q angehängt, wobei der Gasdruck, abgelesen am Manometer, auf $P_2 < P_1$ geht. Wie ermittelt man die Last Q?

$$P_1 \frac{\pi\,d^2}{4} + G \qquad\quad = P_0 \frac{\pi\,d^2}{4};$$

$$P_2 \frac{\pi\,d^2}{4} + G + Q \quad = P_0 \frac{\pi\,d^2}{4};$$

$$\overline{\quad(P_2 - P_1) \frac{\pi\,d^2}{4} + Q = 0;\quad}$$

$$Q = (P_1 - P_2) \frac{\pi\,d^2}{4}.$$

Aufgabe 9. Eine in der Mitte geteilte Kugel (Abb. 2) von $d = 1$ m lichtem Durchmesser wird bei $t_0 = 20°$ C und $b = 740$ Torr äußerem

Luftdruck bis auf ein Vakuum von 90 vH entlüftet. Wie groß muß ein Gewicht G sein, um die beiden Kugelhälften gerade voneinander zu lösen?

$$\frac{\pi\,d^2}{4}\,\frac{b}{736}\,10^4 = \frac{\pi\,d^2}{4}\,\frac{b/10}{736}\,10^4 + G\,;$$

$$G = \frac{\pi\,1}{4}\,\frac{666}{736}\,10^4 = 7006\,\text{kg}\,.$$

Es wird ein Gewicht von $G' = 6\,$t angehängt. Um wieviel Grad ist Kugel nebst Füllung zu erwärmen, damit das Gewicht von 6 t schon zum Lösen der Hälften ausreicht? (Druck nach Erwärmung P', Temperatur T').

$$\frac{\pi}{4}\,d^2\frac{b}{736}\,10^4 = \frac{\pi}{4}\,d^2\,P' + G'\,;$$

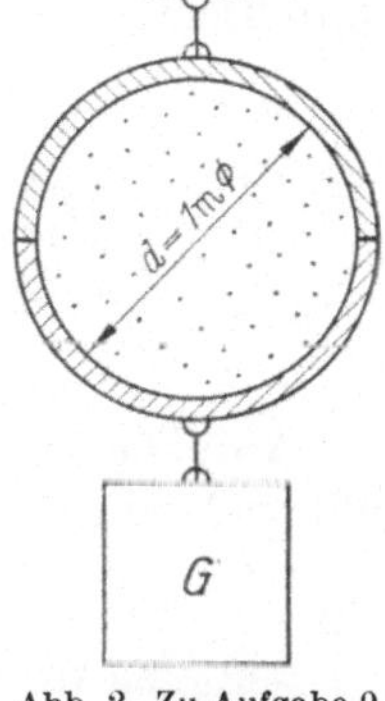

Abb. 2. Zu Aufgabe 9.
Zwei Halbkugeln nach
OTTO v. GUERICKE
(1602—1686).

bei unveränderlichem Volumen und Gewicht ist $P/T = $ konst. und

$$\frac{P'}{P_0} = \frac{T'}{T_0} \quad \text{oder} \quad P' = \frac{T'}{T_0}\,\frac{b\,10^4}{736\cdot10} \quad \text{und} \quad \frac{\pi}{4}\,d^2\,\frac{T'}{T_0}\,\frac{10^3\,b}{736}$$

$$= \frac{\pi}{4}\,d^2\,\frac{b}{736}\,10^4 - G'\,; \qquad \frac{T'}{T_0} - 1 = 9 - G'\,\frac{4}{\pi\,d^2}\,\frac{736}{b}\,10^{-3}\,;$$

$$\Delta T = \Delta t = T_0\left[9 - G'\,\frac{4}{\pi\,d^2}\,\frac{736}{b}\,10^{-3}\right] = 293\left[9 - 6000\,\frac{736/1000}{0,785\cdot740}\right]$$

$$\Delta t = 411°\,.$$

Aufgabe 10. Wie groß ist die Gaskonstante von Kohlenoxyd, wenn 1,3 kg davon bei 22° C und 0,96 at abs einen Raum von 1210 l erfüllen?

$$R = \frac{P\,V}{G\,T} = \frac{9600\cdot1,210}{1,3\cdot295} = 30,29 = \text{rd.}\,30,3\,\text{mkg/kg}\cdot\text{Grad}\,.$$

Aufgabe 11. Wie groß ist die Gaskonstante (Gemischkonstante) eines Luftgases aus Steinkohle mit $\delta = 0,90$ (Luft $= 1$)? (Normkubikmetergewicht der Luft $\gamma_N = 1,293$ kg/Nm³).

$$R = \frac{R_L}{\delta} = \frac{29,27}{0,90} = 32,52$$

oder

$$R = \frac{P}{\gamma\,T} = \frac{10332}{0,9\cdot1,293\cdot273} = 32,52\,\text{mkg/kg}\cdot\text{Grad}\,.$$

Aufgabe 12. Wie groß ist das Normvolumen von 210,4 m³ eines Gases unter 28,3 at abs und bei $-12°$ C?

$$V_N = \frac{T_N}{P_N}\,\frac{p\,V}{T}\,10^4 = 264\,\frac{p\,V}{T} = 264\,\frac{28,3\cdot210,4}{261} = 6023\,\text{Nm}^3\,.$$

Aufgabe 13. Von einem Gas ist die Gaskonstante mit $R = 20$ bekannt. Ist dieses Gas schwerer oder leichter als Luft? Welches Normvolumen nehmen 25 kg davon ein? Welches ist sein Normkubikmetergewicht?

$$\delta = R_L/R = 29{,}27/20 = 1{,}464 > 1.$$

Es ist erheblich schwerer als Luft.

$$V_N = 0{,}0264\,GR = 0{,}0264 \cdot 25 \cdot 20 = 13{,}2 \text{ Nm}^3;$$

$$\gamma_N = P_N/RT_N = 37{,}85/R = 37{,}85/20 = 1{,}893 \text{ kg/Nm}^3.$$

Aufgabe 14. Wasserstoff von 200 at abs und $10°$ C wiegt 16,8 kg/m³. Wieviel wiegt Methan unter denselben Umständen?

$$\gamma_M = \gamma_H R_H/R_M = 16{,}8 \cdot 420{,}6/52{,}90 = 133{,}6 \text{ kg/m}^3.$$

Aufgabe 15. Gegeben sind 10 Mol Stickstoff. Gefragt ist nach dem Gewicht, dem Normvolumen und dem Volumen bei 2 at abs und $-30°$ C (Molekulargewicht $M = 28$).

$$G = 10 \cdot 28 = 280 \text{ kg};$$

$$V_N = 10 \cdot 22{,}4 = 224 \text{ Nm}^3;$$

$$V = V_N \frac{p_N}{p}\,\frac{T}{T_N} = 224\,\frac{1{,}033}{2}\,\frac{243}{273} = 103{,}0 \text{ m}^3.$$

Aufgabe 16. Ein beliebiges Normvolumen sei 1000 Nm³. Wieviel Kilomol des Gases sind vorhanden? (Norm-Molvolumen = 22,4 Nm³.)

$$n = V_N/22{,}4 = 0{,}0446 \cdot 1000 = 44{,}6 \text{ kmol}.$$

Aus der Analyse sei das Molekulargewicht dieses Gases mit $M = 26$ bekannt. Ist das Gas leichter oder schwerer als Luft? Wie groß ist sein Normkubikmetergewicht?

$$\delta = M/M_L = M/28{,}96 = 0{,}0345\,M = 0{,}0345 \cdot 26 = 0{,}9 < 1.$$

Es ist leichter.

$$\gamma_N = M/22{,}4 = 26/22{,}4 = 1{,}16 \text{ kg/Nm}^3.$$

Aufgabe 17. Eine Wasserstoffmenge wird mit 100 Nm³ angegeben. Wie groß ist ihr Gewicht und wie groß ist ihr Volumen bei $600°$ C und 20 at abs? (Molekulargewicht $M = 2$.)

$$G = \frac{V_N}{22{,}4}\,M = \frac{100}{22{,}4}\,2 = 8{,}93 \text{ kg};$$

$$V = V_N \frac{p_N}{p}\,\frac{T}{T_N} = 100\,\frac{1{,}033}{20}\,\frac{873}{273} = 16{,}52 \text{ m}^3.$$

Aufgabe 18. Wievielmal so schwer ist Kohlendioxyd wie Wasserstoff?

$$\gamma_N = M/V_N$$

Kohlendioxyd: $\quad M = 44,00; \quad V_N = 22,26 \text{ Nm}^3; \quad \gamma_N = 1,9768 \text{ kg/Nm}^3;$
Wasserstoff: $\quad\quad M = 2,0156; \quad V_N = 22,43 \text{ Nm}^3; \quad \gamma_N = 0,08987 \text{ kg/Nm}^3.$

Kohlendioxyd ist $\dfrac{1,9768}{0,08987} = 22,0\,$mal so schwer wie Wasserstoff.

Aufgabe 19. Der Anlaßdruckluftkessel von $0,60\text{ m}^3$ Inhalt einer Dieselmaschine wird durch Preßluft aus Stahlflaschen bei der Inbetriebnahme aufgefüllt. Jede Stahlflasche hat $0,03\text{ m}^3$ Inhalt und enthält Preßluft von 100 at abs. Wieviel Flaschen werden gebraucht um den Behälter auf 17 at abs aufzufüllen, wenn die Temperatur unverändert $20°$ C bleibt?

Bei 1 Flasche $\quad 0,60 \cdot 1 + 0,03 \cdot 100 = 0,63\, p_1; \quad p_1 = 5,7$ at abs;

bei n Flaschen $\quad 0,60 \cdot 1 + n\, 0,03 \cdot 100 = (0,60 + n\, 0,03) \cdot 17;$

$n = 3,86$ Flaschen. Es werden 4 Flaschen gebraucht. Wie hoch ist der Druck im Kessel nach Ablassen von 4 Flaschen?

$$0,60 \cdot 1 + 4 \cdot 0,03 \cdot 100 = (0,60 + 4 \cdot 0,03)\, p; \quad p = 17,5 \text{ at abs}.$$

Wieviel Luft enthält nunmehr der Kessel?

$$G = \frac{P\,V}{R\,T} = \frac{17,5 \cdot 10^4 \cdot 0,6}{29,3 \cdot 293} = 12,230 \text{ kg}.$$

Wieviel Luft wird beim Anlassen entnommen, wenn der Druck im Kessel auf 8 at abs und die Temperatur auf $0°$ C absinkt?

$$G = \frac{V}{R}\left(\frac{P_1}{T_1} - \frac{P_2}{T_2}\right) = \frac{0,60}{29,3}\left(\frac{175000}{293} - \frac{80000}{273}\right) = 6,230 \text{ kg}.$$

Aufgabe 20. Der Luftdruck in Meereshöhe sei 760 Torr, die Lufttemperatur $+7,0°$ C. In 10 km Höhe über dem Meeresspiegel wird eine Lufttemperatur von $-23,7°$ C gemessen. Wie groß sind Druck und Temperatur der Luft in 10, 20 und 50 km Höhe, wenn angenommen wird, daß die Lufttemperatur asymptotisch nach einer Exponentialfunktion mit zunehmender Höhe dem Wert $T = 0°$ K zustrebt und die Luft sich wie ein vollkommenes Gas $(R = 29,27)$ verhält? (Die Luft sei außerdem als in Ruhe befindlich angenommen.)

Die Höhe über dem Meeresspiegel sei x, der Druck p, die Temperatur T. Bei $x = 0$ m ist $T = 273 + 7,0 = 280,0°$ K und $p_0 = 1,0332$ at abs; bei $x = 10000$ m ist $T = 273 - 23,7 = 249,3°$ K. Es ist

$$T = T_0 e^{-a\,x} \quad\text{und}\quad a\,x = \ln(T_0/T).$$

Mit $x = 10000$ m und $T_0 = 280,0°$ K und $T = 249,3°$ K ergibt sich

$$a = 10^{-4}(\ln 280,0 - \ln 249,3) = 0,1161 \cdot 10^{-4}.$$

Demnach ist

$$T = f(x) = T_0 e^{-a\,x} = 280,0\, e^{-0,1161\,\cdot\,10^{-4}\,x}.$$

In der Höhe x ist der Druck p, bei $x + dx$ ist er $p - dp$. Betrachtet man eine Fläche von 1 cm² der kugelförmigen Luftschicht in x m Höhe, so nimmt das Luftgewicht von x bis $x + dx$ ab um

$$-1\, dp = 1\, dx\, \gamma\, 10^{-4}$$

mit dp in kg/cm², dx in m und γ in kg/m³. Aus $\gamma = P/RT = 10^4 p/RT$ folgt

$$- dp = \frac{p}{RT}\, dx$$

und

$$-\int_{p_0}^{p} \frac{dp}{p} = \frac{1}{R} \int_0^x \frac{dx}{T}$$

oder

$$\int_{p}^{p_0} \frac{dp}{p} = \frac{1}{RT_0} \int_0^x e^{ax}\, dx$$

und

$$\ln \frac{p_0}{p} = \frac{1}{RT_0\, a} \left(e^{ax} - 1\right)$$

oder in Zahlenwerten mit $\ln$ Zahl $= 2{,}303$ lg Zahl bei $x = 10\,000$ m

$$\lg \frac{p_0}{p} = \frac{10^4}{29{,}27 \cdot 280 \cdot 0{,}1161} \; \frac{1}{2{,}303} \left(e^{0{,}1161} - 1\right)$$
$$= 4{,}5634 \cdot (1{,}1231 - 1) = 0{,}5618 = \lg 3{,}645;$$

$$p_0/p = 3{,}645 = b_0/b \text{ mit } b \text{ in Torr};$$
$$b = 760/3{,}645 = 208{,}5 \text{ Torr}.$$

Bei $x = 20\,000$ m:

$$\lg b_0/b = 4{,}5634 \cdot (1{,}2614 - 1) = 1{,}1929 = \lg 15{,}59;$$
$$b = 760/15{,}59 = 48{,}8 \text{ Torr}$$

und

$$T = 280\, e^{-0{,}2322} = 280 \cdot 0{,}7919 = 221{,}7°\,\text{K}; \quad t = -51{,}3°\,\text{C}.$$

Bei $x = 50\,000$ m:

$$\lg b_0/b = 4{,}5634 \cdot (1{,}7861 - 1) = 3{,}5873 = \lg 3867;$$
$$b = 760/3867 = 0{,}20 \text{ Torr}$$

und

$$T = 280\, e^{-0{,}5805} = 280 \cdot 0{,}5600 = 156{,}8°\,\text{K}; \quad t = -116{,}2°\,\text{C}.$$

Tatsächlich gemessene Werte für den Luftdruck sind

$$\text{bei } x = 10 \text{ km}, \qquad b = 220 \quad \text{Torr};$$
$$x = 20 \text{ km}, \qquad b = 64 \quad \text{Torr};$$
$$x = 50 \text{ km}, \qquad b = 0{,}2 \text{ Torr}.$$

Aufgabe 21. Ein Freiballon mit verschließbarem Füllansatz faßt bis zur Prallfüllung 800 m³. Sein Eigengewicht ohne Gas beträgt

$Q = 500$ kg. Es sei trübes Wetter und die Temperatur unveränderlich $+5°$ C. Er wird bei 740 Torr mit 500 m³ Helium gefüllt. Wie groß ist die Anfahrbeschleunigung und die Steighöhe bis zur Prallfüllung? Wieviel m³ Wasserstoff wären am Boden einzufüllen, um denselben Tragkraftüberschuß zu gewinnen? Welches ist die Steighöhe bis zur Prallfüllung bei Wasserstoff und in welcher Höhe wird die Gleichgewichtslage erreicht?

Luftdruck am Boden

$$P_0 = \frac{740}{735,6}\, 10^4 = 10060 \text{ kg/m}^2;$$

Luftgewicht am Boden

$$\gamma_0 = \frac{P_0}{RT} = \frac{10060}{29,3 \cdot 278} = 1,236 \text{ kg/m}^3;$$

Dichte von Helium $\delta = 0,138$ (Luft $= 1$);
Tragkraftüberschuß am Boden

$$V_0\, \gamma_0 (1 - \delta) - Q = 500 \cdot 1,236 \cdot (1 - 0,138) - 500 = 33,3 \text{ kg};$$

Gasgewicht

$$G = V_0\, \gamma_0\, \delta = 500 \cdot 1,236 \cdot 0,138 = 85,3 \text{ kg};$$

Anfahrbeschleunigung

$$\frac{33,3 \cdot 9,81}{500 + 85,3} = 0,558 \text{ m/s}^2;$$

Druck bei Prallfüllung

$$P = G\, \frac{RT}{V} = \frac{85,3 \cdot 212,0 \cdot 278}{800} = 10060\, \frac{500}{800} = 6287 \text{ kg/m}^2;$$

nach Aufgabe 20 ist bei $T =$ konst. mit Steighöhe x

$$- dp = \frac{p}{RT}\, dx$$

und

$$- \int_{p_0}^{p} \frac{dp}{p} = \frac{1}{RT} \int_0^x dx$$

und
$$\ln p_0/p = \ln V/V_0 = x/RT.$$
Prallfüllung bei

$$x = RT \ln V/V_0 = 29,3 \cdot 278\, (\ln 800 - \ln 500) = 3828 \text{ m}.$$

Der Tragkraftüberschuß ist unabhängig von der Steighöhe bis zur Prallfüllung.

Bei Wasserstoff-Füllung würde der Tragkraftüberschuß von 33,3 kg bereits bei

$$\frac{33,3 + 500}{1,236\, (1 - 0,0695)} = 464 \text{ m}^3 \text{ Füllung am Boden}$$

erreicht, Wasserstoff: $\delta = 0{,}0695$ (Luft $= 1$). Höhe bis zur Prall-füllung

$$x = RT(\ln V - \ln V_0) = 29{,}3 \cdot 278 \, (\ln 800 - \ln 464) = 4455 \, \text{m};$$

Gleichgewichtslage beim Luftdruck P_x (W Wasserstoff, L Luft):

$$Q + \frac{PV}{R_W T} = Q + \frac{P_0 V_0}{R_W T} = V \frac{P_x}{R_L T}$$

und

$$P_x = \frac{R_L T}{V} \left(Q + \frac{P_0 V_0}{R_W T} \right) = \frac{29{,}3 \cdot 278}{800} \left(500 + \frac{10060 \cdot 464}{420{,}6 \cdot 278} \right) = 5498 \, \text{kg/m}^2;$$

$$x = RT(\ln P_0 - \ln P_x) = 29{,}3 \cdot 278 \, (\ln 10060 - \ln 5500) = 4926 \, \text{m}.$$

Nachdem der Ballon so hoch gestiegen ist, daß er prall gefüllt ist, nimmt der Tragkraftüberschuß bei weiterem Steigen ab, bis er in der Gleichgewichtslage gleich Null wird.

Aufgabe 22. Wieviel kg Sauerstoff und wieviel kg Wasserstoff faßt eine Gasflasche von 40 l Inhalt bei 150 at Überdruck und 20° C?

$$\text{Sauerstoff:} \quad G = \frac{151 \cdot 10^4 \cdot 0{,}040}{26{,}50 \cdot 293} = 7{,}780 \, \text{kg};$$

$$\text{Wasserstoff:} \quad G = 7{,}78 \, \frac{26{,}50}{420{,}6} = 0{,}490 \, \text{kg}.$$

Aufgabe 23. Die mittlere spezifische Wärme zwischen 0 und 2000° C beträgt für Schwefeldioxyd bei konstantem Druck 12,77 kcal/kmol · Grad, die zwischen 0 und 1500° C 12,48 und die zwischen 0 und 2500° C 12,96. Wie groß sind die mittleren spezifischen Wärmen zwischen 1500 und 2000° C sowie zwischen 2000 und 2500° C? Welche Wärmemenge ist je Nm³ in diesem Temperaturbereich bei konstantem Druck zuzuführen?

$$\left[C_p\right]_{t_1}^{t_2} (t_2 - t_1) = \left[C_p\right]_0^{t_2} t_2 - \left[C_p\right]_0^{t_1} t_1;$$

$$\left[C_p\right]_{1500}^{2000} = \frac{12{,}77 \cdot 2000 - 12{,}48 \cdot 1500}{500} = 13{,}64 \, \text{kcal/kmol} \cdot \text{Grad};$$

$$\left[C_p\right]_{2000}^{2500} = \frac{12{,}96 \cdot 2500 - 12{,}77 \cdot 2000}{500} = 13{,}72 \, \text{kcal/kmol} \cdot \text{Grad};$$

Spezif. Wärme für	bei konst. Druck je			bei konst. Volumen je		
	kmol	Nm³	kg	kmol	Nm³	kg
1500 bis 2000° C	13,64	0,609	0,213	11,65	0,520	0,182
2000 bis 2500° C	13,72	0,612	0,214	11,73	0,524	0,183

$$Q_{12} \text{ von } 1500 \text{ bis } 2000° \, C = 0{,}609 \cdot 500 = 304{,}5 \, \text{kcal/Nm}^3;$$
$$Q_{12} \text{ von } 2000 \text{ bis } 2500° \, C = 0{,}612 \cdot 500 = 306{,}0 \, \text{kcal/Nm}^3;$$

wobei 1 kmol $= 22{,}4$ Nm³ (genauer 21,9 Nm³) und M kg $= 64$ kg ist.

Aufgabe 24. 1 kg reiner Kohlenstoff gibt bei der Vergasung unter Zufuhr von 4,445 Nm³ Luft 5,379 Nm³ theoretisches Luftgas, das aus 1,867 Nm³ CO und 3,512 Nm³ N₂ besteht. Berechne das scheinbare Molekulargewicht M des Gasgemisches, die Gemischkonstante R, die Zusammensetzung nach Gewichtsteilen, das Normkubikmetergewicht, die Teildrücke der beiden Gemischanteile sowie die spezifische Wärme des Gemisches bei 0° C, 760 Torr. (M für CO = 28, M für N₂ = 28).

Gas-anteil	r_i	M_i	$r_i M_i$	$g_i = \dfrac{r_i M_i}{\Sigma(r_i M_i)}$	$h_i = h\,r_i$	C_{pi}	$c_{pi} = \dfrac{r_i C_{pi}}{\Sigma(r_i M_i)}$
	m³/m³	—	—	kg/kg	Torr	$\dfrac{\text{kcal}}{\text{kmol}\cdot\text{Grad}}$	$\dfrac{\text{kcal}}{\text{kg}\cdot\text{Grad}}$
CO	0,347	28	9,7	0,347	204	6,96	0,0863
N₂	0,653	28	18,3	0,653	490	6,96	0,1623
Summe	1,000	—	28,0	1,000	760	—	0,249

denn $r_i = 1{,}867/5{,}379 = 0{,}347$ für CO. $M = \sum r_i M_i$ ist gleich dem Molekulargewicht der Komponenten, wenn diese gleiches Molekulargewicht haben wie CO und N₂. In diesem Falle sind auch die Raumanteile $\sum r_i = 1$ und die Gewichtsanteile $\sum g_i = 1$ gleich groß. $R = 848/M = 848/28 = 30{,}29$ m/Grad,

und
$$\gamma_N = M/22{,}4 = 28/22{,}4 = 1{,}25 \text{ kg/Nm}^3$$

$$c_v = c_p - AR = c_p - \frac{1{,}986}{M} = 0{,}249 - \frac{1{,}986}{28} = 0{,}178 \text{ kcal/kg} \cdot \text{Grad}.$$

Aufgabe 25. Die Analyse eines Schwelgases aus Braunkohle ist:

CO	H₂	CH₄	C₂H₄	CO₂	N₂	O₂
0,08	0,25	0,17	0,01	0,17	0,29	0,03

Zu ermitteln sind scheinbares Molekulargewicht, Gemischkonstante, Zusammensetzung nach Gewichtsteilen und die spezifische Wärme des Gemisches zwischen 0 und 200° C, bezogen auf 1 Nm³, sowie das Relativgewicht δ (Luft = 1). 100 kg/h des Gasgemisches sollen bei konstantem Druck von 2 at abs von 200° C auf 300° C erwärmt werden. Welche Wärmemenge ist zuzuführen? Wie groß sind die Teildrücke bei 2 at abs Gesamtdruck?

Gas-anteil	r_i	M_i	$r_i M_i$	g_i	$[C_{pi}]_0^{200}$	$r_i[C_{pi}]_0^{200}$	$[C_{pi}]_0^{300}$	$r_i[C_{pi}]_0^{300}$	$p_i = 2\,r_i$
	m³/m³	—	—	kg/kg		kcal/kmol · Grad			at abs
CO	0,08	28	2,24	0,101	7,00	0,560	7,06	0,565	0,16
H₂	0,25	2	0,50	0,022	6,95	1,738	6,97	1,743	0,50
CH₄	0,17	16	2,72	0,122	9,40	1,598	10,10	1,717	0,34
C₂H₄	0,01	28	0,28	0,013	12,46	0,125	13,55	0,136	0,02
CO₂	0,17	44	7,48	0,335	9,65	1,640	10,06	1,710	0,34
N₂	0,29	28	8,12	0,364	7,00	2,030	7,04	2,042	0,58
O₂	0,03	32	0,96	0,043	7,15	0,215	7,26	0,218	0,06
Summe	1,00	—	22,30	1,000	—	7,906	—	8,131	2,00

$$M = 22{,}30; \quad R = 848/22{,}30 = 38{,}03 \text{ m/Grad};$$

$$[C_p]_0^{260} = 7{,}906/22{,}4 = 0{,}353 \text{ kcal/Nm}^3 \cdot \text{Grad};$$

$$[c_p]_0^{200} = 7{,}906/22{,}30 = 0{,}355 \text{ kcal/kg} \cdot \text{Grad};$$

$$[C_p]_0^{300} = 8{,}131/22{,}4 = 0{,}363 \text{ kcal/Nm}^3 \cdot \text{Grad};$$

$$[c_p]_0^{300} = 8{,}131/22{,}30 = 0{,}365 \text{ kcal/kg} \cdot \text{Grad}.$$

$$Q = G\{[c_p]_0^{300} \cdot 300 - [c_p]_0^{200} \cdot 200\} = 100 \cdot (0{,}365 \cdot 300 - 0{,}355 \cdot 200)$$
$$= 3850 \text{ kcal/h, nicht abhängig vom Druck};$$

$$\delta = R_L/R = 29{,}27/38{,}03 = 0{,}770 \ (\text{Luft} = 1).$$

Aufgabe 26. Wie groß ist die Gemischkonstante von reinem Wassergas mit 50 Raumteilen Wasserstoff und 50 Raumteilen Kohlenoxyd?

$$M = \sum r_i M_i = 0{,}50 \cdot 2 + 0{,}50 \cdot 28 = 15;$$

$$R = 848/M = 848/15 = 56{,}53 \text{ mkg/kg} \cdot \text{Grad}.$$

Wie ist reines Wassergas nach Gewichtsteilen zusammengesetzt?

Gasanteil	r_i m³/m³	M_i	$r_i M_i$	$g_i = \dfrac{r_i M_i}{M}$ kg/kg
CO	0,50	28	14	0,933
H_2	0,50	2	1	0,067
Summe	1,00	—	$M = 15$	1,000

Aufgabe 27. Theoretisches Mischgas besteht aus folgenden Teilen:

CO	H_2	N_2
47,50	1,44	51,06

in Gewichtsprozenten. Welches ist die räumliche Zusammensetzung?

Gasanteil	g_i kg/kg	M_i —	$\dfrac{g_i}{M_i}$ —	$r_i = \dfrac{g_i/M_i}{\Sigma(g_i/M_i)}$ m³/m³
CO	0,4750	28	0,01696	0,40
H_2	0,0144	2	0,00720	0,17
N_2	0,5106	28	0,01824	0,43
Summe	1,0000	—	0,04240	1,00

aus

$$R = 848 \sum(g_i/M_i) \quad \text{und} \quad R_i = 848 \, g_i/M_i \quad \text{sowie}$$

$$\frac{P_i}{P} = r_i = g_i \frac{R_i}{R} = \frac{g_i/M_i}{\Sigma(g_i/M_i)}.$$

Die Zeiger i bedeuten den jeweiligen Gasanteil.

Aufgabe 28. Wasserdampf kann bei kleinen Teildrücken als gasförmig angesehen werden (Gaskonstante $R = 848/18 = 47,1$ m/Grad). Mittels Psychrometer, dessen feuchtes Thermometer $19°$ C und trockenes Thermometer $25°$ C bei 755,0 Torr Barometerstand anzeigt, wurde der Teildruck des Wasserdampfes in feuchter Luft zu 13,5 Torr bestimmt. Ermittle das scheinbare Molekulargewicht, die Gemischkonstante, die Zusammensetzung nach Raum und Gewicht, das Kubikmetergewicht der feuchten Luft und den Wasserdampfgehalt je kg trockene und je m³ feuchte Luft.

Teildrücke $h_D = 13,5$ Torr; $h_L = 755,0 - 13,5 = 741,5$ Torr.

Gasanteil	h_i Torr	r_i m³/m³	M_i —	$r_i M_i$ —	$g_i = \dfrac{r_i M_i}{M}$ kg/kg
Luft	741,5	0,9821	28,96	28,445	0,9888
Wasserdampf	13,5	0,0179	18,02	0,323	0,0112
Summe	755,0	1,0000	—	28,768	1,0000

mit $r_i = h_i/b$, $b =$ Barometerstand; $M = \sum r_i M_i$;

$R = 848/M = 848/28,77 = 29,48$ m/Grad;

$\gamma_N = M/22,4 = 1,284$ kg/Nm³ und

$$\gamma = \gamma_N \frac{P}{P_N} \frac{T_N}{T} = 1,284 \frac{755}{760} \frac{273}{298} = 1,189 \text{ kg/m}^3.$$

Wassergehalt je kg trockene Luft $0,0112/0,9888 = 0,01133$ kg/kg oder 11,3 g/kg. In 1 kg feuchter Luft befinden sich 11,2 g/kg Wasserdampf oder auch mit $P_i/P = g_i R_i/R$

$$g_i = \frac{h_i}{b} \frac{R}{R_i} = \frac{13,5}{755} \frac{29,48}{47,1} = 0,0112 \text{ kg/kg.}$$

Der Wasserdampfgehalt in 1 m³ feuchter Luft (755 Torr, $25°$ C) errechnet sich zu

$$g_i = \frac{P_i V}{R_i T} = \gamma_i = \frac{13,5 \cdot 10^4 \cdot 1}{735,6 \cdot 47,1 \cdot 298} = 0,0133 \text{ kg/m}^3$$

oder 13,3 g/m³. Zur Kontrolle: 13,3 g/m³ $= 1,189$ kg/m³ $\cdot$ 11,2 g/kg. Anm.: Es empfiehlt sich, derartige Aufgaben möglichst in Tabellenform zu rechnen.

Aufgabe 29. Wie ist die Luft in 50 km Höhe über dem Meeresspiegel zusammengesetzt. wenn sie in Meereshöhe aus 21 Raumprozent Sauerstoff ($R = 26,50$) und 79 Raumprozent Stickstoff ($R = 30,26$) besteht und das in Aufgabe 20 abgeleitete Druck- und Temperaturgesetz gilt? Nach dem Daltonschen Gesetz ist die Summe der Teildrücke gleich dem Gesamtdruck. Durch die verschiedenen Kubikmetergewichte γ ändern sich die Teildrücke mit der Höhe x. Bei $x = 0$ ist für

Sauerstoff
$$r_1 = p_1/p_0 \quad \text{oder} \quad p_1 = r_1 p_0 = 0\,21 \cdot 1{,}0332 = 0{,}217 \text{ at abs},$$
Stickstoff
$$r_2 = p_2/p_0 \quad \text{oder} \quad p_2 = r_2 p_0 = 0{,}79 \cdot 1{,}0332 = 0{,}816 \text{ at abs},$$
zusammen $1{,}033$ at abs.

Bei $x = 50\,000$ ist für
Sauerstoff
$$\lg \frac{p_1}{p_1'} = \frac{10000}{26{,}50 \cdot 280 \cdot 0{,}1161} \; \frac{1}{2{,}303} \; 0{,}7861 = 3{,}9623 = \lg 9168$$

$$p_1' = p_1/9168 = 0{,}217/9168 = 0{,}237 \cdot 10^{-4} \text{ at abs},$$
Stickstoff
$$\lg \frac{p_2}{p_2'} = 3{,}9623 \frac{26{,}50}{30{,}26} = 3{,}4700 = \lg 2952$$

$$p_2' = p_2/2952 = 0{,}816/2952 = 2{,}765 \cdot 10^{-4} \text{ at abs}.$$

Gesamtdruck $p_1' + p_2' = p = 3{,}002 \cdot 10^{-4}$ at abs;
Sauerstoff $\quad r_1' = p_1'/p = 0{,}237/3{,}002 = 0{,}0790$ oder $7{,}9$ vH;
Stickstoff $\quad r_2' = p_2'/p = 2{,}765/3{,}002 = 0{,}9210$ oder $92{,}1$ vH.

Aufgabe 30. Ein Behälter von $10\ \text{m}^3$ Inhalt enthält trockene Luft unter $7{,}348$ at Überdruck und $37{,}2°$ C; Barometerstand $764{,}2$ Torr. Welches sind die Teildrücke und die Gewichte der Gemischanteile, wenn für die Luft die Zusammensetzung nach Raumteilen zu

O_2	N_2	CO_2	Ar
0,2100	0,7805	0,0003	0,0092

festgestellt wurde?

Gasanteil	r_i	M_i	$r_i M_i$	$p_i = r_i p$	G_i
	m³/m³	—	—	at abs	kg
O_2	0,2100	32,00	6,720	1,7613	19,397
N_2	0,7805	28,02	21,870	6,5460	72,093
CO_2	0,0003	44,00	0,013	0,0025	0,028
Ar	0,0092	39,94	0,367	0,0772	0,850
Summe	1,0000	—	28,970	8,3870	92,368

mit
$$p = \frac{764{,}2}{735{,}6} + 7{,}348 = 8{,}387 \text{ at abs};$$

$$G_i = \frac{V M \, 10^4}{848\, T}\, p_i = \frac{10 \cdot 28{,}97 \cdot 10^4}{848 \cdot 310{,}2}\, p_i = 11{,}013\, p_i.$$

Gesamtmenge zur Kontrolle:

$$G = \frac{PV}{RT} = \frac{83870 \cdot 10}{29{,}27 \cdot 310{,}2} = 92{,}372 \text{ kg}.$$

Die 3. Stelle hinter dem Komma ist wegen der geringeren Genauigkeit der Faktoren unsicher.

Aufgabe 31. 1000 Nm³/h Ölgas mit der Zusammensetzung

CO	H_2	CH_4	C_2H_4	CO_2	N_2
3	15	44	35	1	2

in Raumteilen sind im Verhältnis 1 : 12 mit Luft zu mischen. Wie groß sind scheinbares Molekulargewicht, Gemischkonstante, Normkubikmetergewicht, Dichte (Luft = 1) und die spezifischen Wärmen zwischen 0 und 100 und 0 und 300° C je Nm³, kmol und kg für das Ölgas und das Ölgas-Luft-Gemisch sowie dessen Zusammensetzung nach Raumteilen? Wie groß ist der mittlere Wert von $\varkappa = c_p/c_v$? Welche Wärmemenge ist bei der Erwärmung von 100 auf 300° C zuzuführen, wenn der Druck konstant mit 1,072 at abs bleibt?

Ölgas.

Gasanteil	r_i	M_i	$r_i M_i$	$[C_{pi}]_0^{100}$	$r_i[C_{pi}]_0^{100}$	$[C_{pi}]_0^{300}$	$r_i[C_{pi}]_0^{300}$
	m³/m³	—	—		kcal/kmol · Grad		
CO	0,03	28	0,84	6,97	0,209	7,06	0,212
H_2	0,15	2	0,30	6,92	1,038	6,97	1,046
CH_4	0,44	16	7,04	8,66	3,810	10,10	4,444
C_2H_4	0,35	28	9,80	11,27	3,945	13,55	4,743
CO_2	0,01	44	0,44	9,17	0,092	10,06	0,101
N_2	0,02	28	0,56	6,97	0,139	7,04	0,141
Summe	1,00	—	18,98	—	9,233	—	10,687

$$M = 18{,}98; \quad R = 848/18{,}98 = 44{,}68 \text{ mkg/kg} \cdot \text{Grad};$$
$$\gamma_N = M/22{,}4 = 18{,}98/22{,}4 = 0{,}847 \text{ kg/Nm}^3;$$
$$\delta = M/M_L = 18{,}98/28{,}96 = 0{,}655 \text{ (Luft} = 1);$$

da die Raumteile nur auf 2 Stellen angegeben sind, wäre es eine übertriebene Genauigkeit, mit den Abweichungen der Molvolumen gegen 22,4 zu rechnen.

Spezif. Wärme	bei $t = 100°$ C			bei $t = 300°$ C		
	je kmol	je Nm³	je kg	je kmol	je Nm³	je kg
$[C_p]_0^t$	9,233	0,412	0,487	10,687	0,477	0,563
$\varkappa$	$= \dfrac{9{,}233}{9{,}233 - 1{,}986} = 1{,}274$			$= \dfrac{10{,}687}{10{,}687 - 1{,}986} = 1{,}228$		

mit

$$[C_p] \text{ in kcal/Nm}^3 \cdot \text{Grad} = [C_p] \text{ in kcal/kmol} \cdot \text{Grad}/22,4;$$
$$[c_p] \text{ in kcal/kg} \cdot \text{Grad} = [C_p] \text{ in kcal/kmol} \cdot \text{Grad}/M;$$
$$[C_v] \text{ in kcal/kmol} \cdot \text{Grad} = [C_v] \text{ in kcal/kmol} \cdot \text{Grad} - 1,986.$$

Ölgas-Luft-Gemisch 1 : 12.

Gasanteil	Anteil r_i m³/m³	M_i —	$r_i M_i$ —	$[C_{pi}]_0^{100}$	$r_i[C_{pi}]_0^{100}$	$[C_{pi}]_0^{300}$	$r_i[C_{pi}]_0^{300}$
				kcal/kmol · Grad			
CO	0,03 0,002	28	0,056	6,97	0,014	7,06	0,014
H_2	0,15 0,011	2	0,022	6,92	0,076	6,97	0,077
CH_4	0,44 0,034	16	0,544	8,66	0,294	10,10	0,343
C_2H_4	0,35 0,027	28	0,756	11,27	0,304	13,55	0,366
CO_2	0,01 0,001	44	0,044	9,17	0,009	10,06	0,010
N_2	9,50 0,731	28	20,468	6,97	5,095	7,04	5,146
O_2	2,52 0,194	32	6,208	7,05	1,368	7,26	1,408
Summe	13,00 1,000	—	28,098	—	7,160	—	7,364

mit Anteil N_2 von $0,02 + 12 \cdot 0,79 = 9,50 \text{ m}^3$ in 13 m^3

und O_2 von $12 \cdot 0,21 = 2,52 \text{ m}^3$ in 13 m^3.

$$M = 28,10; \quad R = 848/28,10 = 30,18 \text{ m/Grad};$$
$$\gamma_N = 28,10/22,4 = 1,254 \text{ kg/Nm}^3$$

und $\delta = 28,10/28,96 = 0,970 \ (\text{Luft} = 1).$

Spezif. Wärme	bei $t = 100°$ C			bei $t = 300°$ C		
	je kmol	je Nm³	je kg	je kmol	je Nm³	je kg
$[C_p]_0^t$	7,160	0,320	0,255	7,364	0,329	0,262
$\varkappa$	$= \dfrac{7,160}{7,160 - 1,986} = 1,384$			$= \dfrac{7,364}{7,364 - 1,986} = 1,369$		

Wärmezufuhr

$$Q_{12} = V_N \left\{ [C_p]_0^{t_2} t_2 - [C_p]_0^{t_1} t_1 \right\}$$

$$= 13\,000 \, (0,329 \cdot 300 - 0,320 \cdot 100) = 867\,100 \text{ kcal/h}.$$

Die Größe des Druckes ist hierbei ohne Einfluß, solange das Gemisch noch als vollkommenes Gas betrachtet werden kann.

II. Vollkommene Gase, Zustandsänderungen.

Aufgabe 32. Wie verhalten sich die Rauminhalte der Rauchgase in einer Dampfkesselanlage, wenn sie den Feuerraum mit 1100° C verlassen, sich an den nachgeschalteten Heizflächen abkühlen und mit 160° C in den Schornstein entweichen? (Druck als unveränderlich angenommen.)

$$\frac{V_2}{V_1} = \frac{T_2}{T_1} = \frac{1373}{433} = 3,17 : 1.$$

Aufgabe 33. Im Lufterhitzer eines Dampfkessels wird Luft von 25° C auf 400° C bei (etwa) gleichbleibendem Druck erwärmt. Um wieviel vH dehnt sich die Luft aus?

$$\frac{V_2}{V_1} = \frac{T_2}{T_1} = \frac{673}{298} = 2,26;$$

also um 126 vH.

Aufgabe 34. 10000 Nm³ Rauchgas je Stunde geben in einem Abhitzekessel Wärme ab, wobei sie sich bei nahezu gleichem Druck von 300 auf 200° C abkühlen. Die Zusammensetzung nach Raumteilen ist:

CO_2	O_2	N_2	H_2O-Dampf
8,8	3,6	70,2	17,4

Wieviel Wärme wird abgegeben und wie groß ist die Volumenabnahme?

Gasanteil	r_i	$[C_{pi}]_0^{300}$	$[C_{pi}]_0^{200}$	$[C_{pi}]_{200}^{300}$	$r_i[C_{pi}]_{200}^{300}$
	m³/m³	kcal/kmol · Grad			
CO_2	0,088	10,06	9,65	10,88	0,957
O_2	0,036	7,26	7,15	7,48	0,269
N_2	0,702	7,04	7,00	7,12	5,000
H_2O	0,174	8,22	8,12	8,42	1,466
Summe	1,000	—	—	—	7,692

$$[C_p]_{200}^{300} = 7,692 \text{ kcal/kmol} \cdot \text{Grad};$$

$$Q_{12} = \frac{10000}{22,4} \, 7,69 \cdot 100 = 343400 \text{ kcal/h}.$$

$V/T = \text{konst.};$

$$\left(\frac{V_2}{V_1} - 1\right) 100 = \left(\frac{T_2}{T_1} - 1\right) 100 = \left(\frac{573}{473} - 1\right) 100 = 21,1 \text{ vH}.$$

Aufgabe 35. In einem Luftvorwärmer werden 1000 m³/h bei unveränderlichem Druck von 8 at abs und von —10° C auf +60° C vorgewärmt. Wie groß ist das Endvolumen und welche Arbeit ist bei der Ausdehnung zu leisten? Welche Wärmemenge ist zuzuführen? Mit $V/T = \text{konst.}$ folgt:

$$V_2 = T_2 V_1/T_1 = 333 \cdot 1000/263 = 1266 \text{ m}^3;$$

$$L_{12} = P(V_2 - V_1) = 8 \cdot 10^4 \cdot (1266 - 1000) = 2128 \cdot 10^4 \text{ mkg/h};$$

$$Q_{12} = A \frac{\varkappa}{\varkappa - 1} P(V_2 - V_1) \quad \text{oder mit} \quad \varkappa = 1,4;$$

$$Q_{12} = 3,5 \, A \, L_{12} = \frac{3,5}{427} \, 2128 \cdot 10^4 = 17,44 \cdot 10^4 \text{ kcal/h}.$$

Mit der Zunahme an innerer Energie

$$U_2 - U_1 = \frac{1}{\varkappa - 1}\, A\,L_{12} = \frac{2{,}5}{427}\, 2128 \cdot 10^4 = 12{,}46 \cdot 10^4 \text{ kcal/h}$$

gilt die Bilanz

$$Q_{12} = U_{21} + A\,L_{12} \quad \text{oder} \quad 17{,}44 \cdot 10^4 = 12{,}46 \cdot 10^4 + 4{,}98 \cdot 10^4.$$

Die Luft wird durch Abgase aus einer Feuerung vorgewärmt, die sich bei 0,995 at abs im Vorwärmer von 200 auf 180° C abkühlen. Die spezifische Wärme des Abgases wurde aus der Analyse zu

$$[C_p]_{180}^{200} = 0{,}330 \text{ kcal/Nm}^3 \cdot \text{Grad}$$

ermittelt. Welche Abgasmenge ist nötig?

$$Q_{12} = V_N\,[C_p]_{t_1}^{t_2}\, \varDelta t;$$

$$V_N = \frac{17{,}44 \cdot 10^4}{0{,}330 \cdot 20} = 26420 \text{ Nm}^3/\text{h};$$

Abgasmenge am Vorwärmereintritt:

$$V = V_N\, \frac{P_N}{P}\, \frac{T}{T_N} = 26420\, \frac{1{,}033}{0{,}995}\, \frac{473}{273} = 47500 \text{ m}^3/\text{h}.$$

Aufgabe 36. $V_N = 200 \text{ Nm}^3$ Kohlendioxyd von 200° C werden bei unveränderlichem Druck $Q_{12} = 90000$ kcal zugeführt. Wie groß ist die Endtemperatur?

$$Q_{12} = \frac{V_N}{22{,}4} \left\{ [C_p]_0^{t_2}\, t_2 - [C_p]_0^{t_1}\, t_1 \right\}.$$

Wenn t_2 gesucht wird, so läßt sich diese Gleichung am besten zeichnerisch lösen.

t_2	$[C_p]_0^{t_2}$	$[C_p]_0^{t_2}\, t_2$	$[C_p]_0^{t_2}\, t_2 - 1930$
°C	kcal/kmol · Grad	kcal/kmol	kcal/kmol
500	10,75	5375	3445
1000	11,88	11880	9950
1100	12,05	13225	11325
1200	12,19	14630	12700
900	11,70	10530	8600

mit

$$[C_p]_0^{200}\, 200 = 9{,}65 \cdot 200 = 1930 \text{ kcal/kmol.}$$

Man findet

$$t_2 = 1010° \text{C}; [C_p]_0^{t_2} = 11{,}89$$

und

$$[C_p]_0^{1010}\, 1010 - 1930 = 10079 \text{ kcal/kmol}$$

zu

$$\frac{22{,}4\,Q_{12}}{V_N} = \frac{22{,}4 \cdot 90000}{200} = 10080 \text{ kcal/kmol};$$

siehe hierzu Abb. 3.

Aufgabe 37. Für eine Maschine mit Wasserstoffkühlung sind stündlich 100 000 m³ Wasserstoff von 70 auf 40° C bei konstantem Überdruck von 200 mm WS abzukühlen. Welche Wärmemenge ist abzuführen? Um wieviel vH verringert sich die Wasserstoffmenge während der Abkühlung? Barometerstand 758,4 Torr.

$$[c_p]_0^{100} = 3{,}433;$$

$$[c_p]_0^{1} = 3{,}403;$$

$$[c_p]_{40}^{70} \approx 3{,}437 \text{ kcal/kg} \cdot \text{Grad}$$

$$G = \frac{P V_1}{R T_1} = \left[\frac{758{,}4}{735{,}6}\, 10^4 + 200\right] \times$$

$$\times \frac{100\,000}{420{,}6 \cdot 343} = 7285 \text{ kg/h};$$

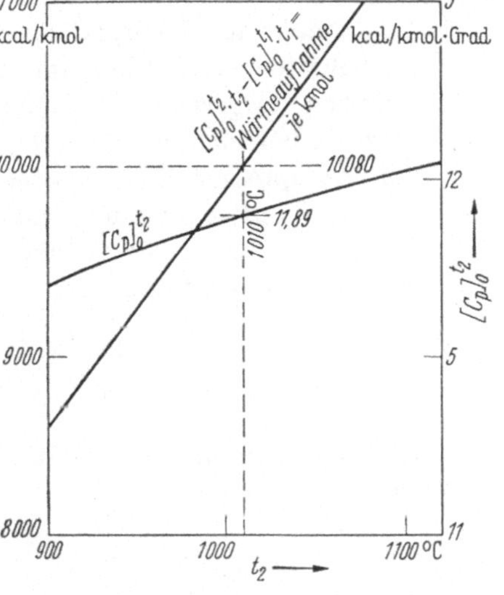

Abb. 3. Zu Aufgabe 36. Ermittlung der Endtemperatur nach Erwärmung bei konstantem Druck und veränderlicher spezifischer Wärme.

$$Q_{12} = G \left[c_p\right]_{t_1}^{t_2}(t_2 - t_1) = 7285 \cdot 3{,}437(40 - 70) = -751\,000 \text{ kcal/h};$$

$$100\,\frac{V_2 - V_1}{V_1} = 100\,\frac{T_2 - T_1}{T_1} = 100\,\frac{-30}{343} = -8{,}75\,\text{vH}.$$

Aufgabe 38. In einem Behälter befinden sich 100 kg Sauerstoff unter 12 at abs bei 10° C. Wie groß ist das Fassungsvermögen des Behälters? Durch Sonneneinstrahlung kann die Gastemperatur bis auf 60° C ansteigen. Für welchen Druck muß der Behälter bemessen sein? (Die Ausdehnung des Behälters selbst soll unberücksichtigt bleiben.)

$$V = \frac{G R T_1}{P_1} = \frac{100 \cdot 26{,}50 \cdot 283}{120000} = 6{,}25 \text{ m}^3;$$

$$p_2 = \frac{T_2}{T_1}\, p_1 = \frac{333}{283}\, 12 = 14{,}1 \text{ at abs.}$$

Mindestdruckfestigkeit 15 at abs zuzüglich Sicherheitszuschlag.

In welchem Umfang nehmen Entropie und Enthalpie durch die Erwärmung bis auf 60° C zu?

$$\Delta S = G\, c_v \ln\left(\frac{T_2}{T_1}\right) = 100 \cdot 0{,}156 \cdot 2{,}303 \lg \frac{333}{283}$$

$$= 2{,}538 \text{ kcal/Grad.}$$

$$\Delta I = G c_p (T_2 - T_1) = 100 \cdot 0{,}218 \cdot (333 - 283) = 1090 \text{ kcal.}$$

Durch die Sonnenstrahlung werden

$$Q_{12} = G c_v (T_2 - T_1) = 100 \cdot 0{,}156 \cdot 50 = 780 \text{ kcal}$$

aufgenommen.

Aufgabe 39. Während eines Brandes wird ein zylindrischer Preßluftbehälter von 1000 mm l. ϕ und 6 mm Wandstärke in Achsrichtung aufgerissen. Vor dem Brand war der Behälter vom Rohrnetz, in dem sich das Sicherheitsventil befindet, wegen einer Reparatur am Kompressor abgeschaltet worden, nachdem er voll aufgeladen war und 7 at Überdruck und 23° C gemessen wurden. Bis auf welche Temperatur wurde der Behälter erwärmt? Die Festigkeit des Behälterwerkstoffes wurde nachträglich ermittelt zu

$$k = \quad 32 \qquad 26 \qquad 19 \qquad 7 \ \text{kg/mm}^2$$
$$\text{bei} \quad t = 400 \qquad 450 \qquad 500 \qquad 550 \ {}^\circ\text{C}.$$

Umfangsspannung σ in kg/mm² mit Durchmesser D in mm und Wandstärke s in mm:

$$100\,\sigma = \frac{p\,D}{2\,s}.$$

Vernachlässigt man die Ausdehnung des Behälters ($V = \text{konst.}$, $D = \text{konst.}$), so ist

$$\frac{p}{T} = \text{konst.} \quad \text{und} \quad p_x = p\,\frac{T_x}{T}$$

also

$$\sigma_x = \frac{T_x}{100}\,\frac{p}{T}\,\frac{D}{2\,s} = \frac{T_x}{100}\,\frac{8}{296}\,\frac{1000}{2\cdot 6} = 2{,}25\,\frac{T_x}{100}\,;$$

$$\begin{aligned} t_x &= \quad 400 \qquad 500 \qquad 600 \ {}^\circ\text{C} \\ T_x &= \quad 673 \qquad 773 \qquad 873 \ {}^\circ\text{K} \\ \sigma_x &= 15{,}15 \qquad 17{,}40 \qquad 19{,}64 \ \text{kg/mm}^2. \end{aligned}$$

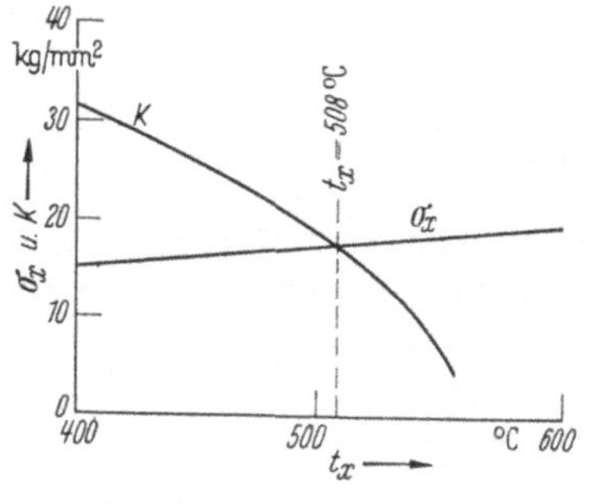

Nach Abb. 4 findet man zeichnerisch $t_x = 508^\circ$ C, wozu ein Druck von

$$p_x = 8\cdot 781/296 = 21{,}1 \ \text{at abs}$$

oder rd. 20 at Überdruck gegenüber dem umgebenden Luftdruck gehört.

Wie ändert sich das Ergebnis, wenn die Ausdehnung des Behälters in erster Annäherung berücksichtigt wird? Für das Behälterblech wurde ermittelt:

$$t_x = \qquad\qquad 400 \qquad\qquad 500^\circ \ \text{C}$$
$$[\alpha_m]_0^{t_x}\,t_x = 5{,}31\cdot 10^{-3} \quad 6{,}91\cdot 10^{-3}$$

Abb. 4. Zu Aufgabe 39. Zeichnerische Ermittlung der Temperatur, bei der der Behälter aufreißt.

(dimensionslos), für die Längung also

$$l_x - l = l\,[\alpha_m]_0^{t_x}\,t_x.$$

Bei $20°\,$C ist der Umfang des Behälters im Mittel

$$U = \pi\,(D + s) = \pi\,(1000 + 6) = 3160{,}4 \text{ mm}.$$

$$U_x = \pi\,(D + s)\,(1 + [\alpha_m]_0^{t_x}\, t_x)$$

und

$$
\begin{aligned}
U_x &= 3177{,}2 \qquad 3182{,}3 \quad \text{mm}\\
D_x &= 1005 \qquad\quad 1007 \quad\ \text{mm}\\
\sigma_x &= \ \ 15{,}24 \qquad\ 17{,}53 \ \text{kg/mm}^2
\end{aligned}
$$

Der Einfluß der Behälterdehnung ist sehr gering, die Temperatur, bei der der Behälter aufreißt, ergibt sich zu etwa $2°$ weniger, das ist zu $506°\,$C.

Aufgabe 40. 40 Nm^3 Stickstoff sind von 200 auf $500°\,$C aufzuwärmen. Welche Wärmemengen sind zuzuführen, wenn die Zustandsänderung bei konstantem Volumen und wenn sie bei konstantem Druck vor sich geht?

$$[C_p]_0^{200} = 7{,}00 \text{ kcal/kmol} \cdot \text{Grad}\,; \quad [C_p]_0^{500} = 7{,}15\,;$$

$$[C_v]_0^{200} = 7{,}00 - 1{,}99 = 5{,}01\,; \quad [C_v]_0^{500} = 7{,}15 - 1{,}99 = 5{,}16\,.$$

Bei $V = $ konst. ist

$$Q_{12} = \frac{V}{22{,}4} \left\{ [C_v]_0^{t_2}\, t_2 - [C_v]_0^{t_1}\, t_1 \right\}$$

$$= \frac{40}{22{,}4}\,(5{,}16 \cdot 500 - 5{,}01 \cdot 200) = 2818 \text{ kcal}\,;$$

$$L_{12} = 0 \text{ mkg}.$$

Bei $P = $ konst. ist

$$Q_{12} = \frac{V}{22{,}4} \left\{ [C_p]_0^{t_2}\, t_2 - [C_p]_0^{t_1}\, t_1 \right\}$$

$$= \frac{40}{22{,}4}\,(7{,}15 \cdot 500 - 7{,}00 \cdot 200) = 3884 \text{ kcal}\,;$$

$$L_{12} = \frac{1}{A}\,[(Q_{12})_p - (Q_{12})_v] = 427 \cdot 1066 = 455\,200 \text{ mkg}.$$

Diese Ausdehnungsarbeit bei $P_1 = P_2 = P = $ konst.

$$L_{12} = P\,(V_2 - V_1) = GR\,(T_2 - T_1)$$

ist, soweit das allgemeine Gasgesetz $PV = GRT$ gilt, unabhängig vom Druck P, unter dem die 40 Nm^3 Stickstoff stehen. Maßgebend ist wegen der Verflechtung $PV/T = $ konst. allein die Temperaturdifferenz. Der Wert PV ändert sich proportional zur Temperatur.

Aufgabe 41. In einem geschlossenen Behälter von 20 m^3 Fassungsvermögen befindet sich Wasserstoff unter 35 vH Vakuum bei $100°\,$C, Barometerstand 748 Torr. Welche Wärmemenge ist dem Wasserstoff zuzuführen, so daß der Gasdruck auf 748 Torr ansteigt? Wie hoch ist die Endtemperatur?

$$V_N = \frac{T_N}{P_N} \frac{P V}{T} = \frac{273}{760} \, 748 \cdot 0{,}65 \, \frac{20}{373} = 9{,}364 \, \mathrm{Nm^3}.$$

Bei $V = $ konst. ist $P/T = $ konst. und

$$T_2 = T_1 \frac{P_2}{P_1} = 373 \, \frac{748}{0{,}65 \cdot 748} = 574^\circ \, \mathrm{K}; \quad t_2 = 301^\circ \, \mathrm{C}.$$

$$[C_p]_0^{100} = 6{,}92 \quad \text{und} \quad [C_p]_0^{300} = 6{,}97 \, \mathrm{kcal/kmol \cdot Grad};$$

$$Q_{12} = V_N \frac{1}{22{,}4} \left\{ ([C_p]_0^{t_2} - 1{,}99) \, t_2 - ([C_p]_0^{t_1} - 1{,}99) \, t_1 \right\}$$

$$= 9{,}364 \, \frac{1}{22{,}4} \, (4{,}98 \cdot 301 - 4{,}93 \cdot 100) = 421 \, \mathrm{kcal}.$$

Aufgabe 42. In einem Zylinder sind 0,8 l eines Gases bei einem Druck von 25,20 at über atmosphärischem Druck und 52° C eingeschlossen. Der Kolben geht langsam zurück, bis der Zylinderinhalt auf 4,0 l angewachsen ist. Welcher Druck stellt sich ein, wenn die Temperatur unverändert bleibt und der Barometerstand 748,9 Torr ist? Welche Arbeit wird vom Gas bei der Ausdehnung geleistet? Welche Nutzarbeit wird an der Kolbenstange geleistet? Welche Wärmemenge ist dem Gase zuzuführen? Wie ändern sich Entropie und Enthalpie bei der Zustandsänderung?

$$p_1 = (748{,}9/735{,}6) + 25{,}20 = 1{,}018 + 25{,}20 = 26{,}22 \, \text{at abs};$$
$$p_2 = p_1 V_1/V_2 = 26{,}22 \cdot 0{,}8/4{,}0 = 5{,}24 \, \text{at abs};$$
$$L_{12} = P_1 V_1 \ln(V_2/V_1) = 26{,}22 \cdot 10^4 \cdot 0{,}8 \cdot 10^{-3} \cdot 2{,}303 \, \lg 5$$
$$= 337{,}7 \, \mathrm{mkg};$$

Arbeit gegen den äußeren Luftdruck

$$L = P(V_2 - V_1) = 10180 \cdot 3{,}2/1000 = 32{,}6 \, \mathrm{mkg};$$

Nutzbare Arbeit $\quad L_n = 337{,}7 - 32{,}6 = 305{,}1 \, \mathrm{mkg}$;

Wärmezufuhr $\quad Q_{12} = A L_{12} = 337{,}7/427 = 0{,}791 \, \mathrm{kcal}$.

Aus $Q_{12} = T(S_2 - S_1)$ folgt

$$S_2 - S_1 = 0{,}791/325 = 2{,}43 \cdot 10^{-3} \, \mathrm{kcal/Grad};$$

aus $T \, dS = dI - A \, V dP$ folgt bei $PV = $ konst. und $P \, dV + V \, dP = 0$

$$dI = T \, dS - A P \, dV = 0; \quad I_2 - I_1 = 0$$

wegen $T \, dS = dQ = A P \, dV$. Es ist bei Gasen c_p nur $f(t)$ und $dI = G \, c_p \, dT = 0$. Bei gleichbleibender Temperatur ändert sich auch die Enthalpie nicht.

Aufgabe 43. In einem Behälter von $30\ \text{m}^3$ Inhalt befindet sich ein Gas unter 90 vH Vakuum (äußerer Luftdruck 1 at abs). In diesen Behälter strömt Gas zu, und zwar $10\ \text{m}^3$, wie in der Zuleitung unter 5,1 at abs gemessen wird. Die Temperatur bleibt unverändert. Wie hoch ist der Enddruck im Behälter?

$$P_1 = 0,1 \cdot 10000 = 1000\ \text{kg/m}^2;$$

$$P_2 = \frac{P\,V}{V_1} + P_1 = \frac{5,1 \cdot 10000 \cdot 10}{30} + 1000 = 18000\ \text{kg/m}^2\ \text{oder}\ 1,8\,\text{at abs}.$$

Aufgabe 44. In einem Reduzierventil wird Preßluft von 7 at Überdruck auf 2 at Überdruck bei unveränderlicher Temperatur von $20°\,\text{C}$ gedrosselt. Wie groß sind Ein- und Austrittsquerschnitt des Ventils zu wählen, wenn stündlich $18000\ \text{kg}$ Preßluft durchgeleitet werden und die mittlere Strömungsgeschwindigkeit unter $20\ \text{m/s}$ bleiben soll?

$$V_1 = \frac{G\,R\,T}{P_1} = \frac{18000 \cdot 29,3 \cdot 293}{80000} = 1930\ \text{m}^3/\text{h};$$

$$V_1 = \frac{\pi}{4}\,d_1^2\,w_1\,3600; \qquad \frac{\pi}{4}\,d_1^2 = \frac{1930}{20 \cdot 3600} = 0,0268\ \text{m}^2 \mathrel{\hat=} 26\,800\ \text{mm}^2;$$

$$D_1 = 185\ \text{mm},\ \text{zu wählen Rohr } 216 \times 6\ \text{in St 35.29.}$$

Tatsächlich: innerer Durchmesser $D_1 = 204\ \text{mm}$; $w_1 = 16,4\ \text{m/s}$.

$$V_2 = V_1 \frac{P_1}{P_2} = 1930\,\frac{8}{3} = 5147\ \text{m}^3/\text{h};$$

$$\frac{\pi}{4}\,d_2^2 = \frac{5147}{20 \cdot 3600} = 0,0715\ \text{m}^2 \mathrel{\hat=} 71\,500\ \text{mm}^2;$$

$$D_2 = 302\ \text{mm},\ \text{zu wählen Rohr } 318 \times 7,5\ \text{in St 00.29;}$$

innerer Durchmesser $D_2 = 303\ \text{mm}$; $w_2 = 19,8\ \text{m/s}$.

Aufgabe 45. $1000\ \text{kg/h}$ Luft werden von Umgebungsdruck auf 150 at Überdruck verdichtet. Während dieses Vorganges wird die Luft durch Kühlwasser unverändert auf einer Temperatur von $23°\,\text{C}$ gehalten, wobei sich das Wasser um $0,3°$ erwärmt. Wieviel m^3 Wasser sind anzuwenden?

$$Q_{12} = A\,L_{12} = A\,G\,R\,T\,\ln(p_1/p_2)$$

$$= -\frac{1000 \cdot 29,3 \cdot 296}{427}\,2,303\,\lg 151 = -101\,900\ \text{kcal/h};$$

$W\gamma c\,\varDelta t = -Q_{12}$ mit $\gamma = 1000\ \text{kg/m}^3$ und $c = 1\ \text{kcal/kg} \cdot \text{Grad}$;

Wassermenge $W = 101\,900/(0,3 \cdot 1000) = 340\ \text{m}^3/\text{h}$.

Aufgabe 46. $0,2\ \text{m}^3$ Luft von 0,995 at abs und $12°\,\text{C}$ werden adiabatisch auf 8,030 at abs verdichtet. Welches sind Endvolumen und Endtemperatur und wie groß ist die Verdichtungsarbeit je m³ vom Anfangszustand? Wie groß ist die mittlere spezifische Wärme und die Änderung der Enthalpie und der inneren Energie?

$$p V^\varkappa = \text{konst.} \quad \text{mit} \quad \varkappa = 1{,}4;$$

$$V_2 = V_1/(p_2/p_1)^{1/\varkappa} = 0{,}2/8{,}071^{1/\varkappa} = 0{,}0450 \text{ m}^3;$$

$$\frac{T_2}{T_1} = \left(\frac{p_2}{p_1}\right)^{\frac{\varkappa-1}{\varkappa}} = 1{,}816; \quad T_2 = 1{,}816 \cdot 285 = 517^\circ \text{K}; \quad t_2 = 244^\circ \text{C};$$

$$L_{12} = P_1 V_1 \frac{1}{\varkappa-1}\left[1 - \frac{T_2}{T_1}\right] = \frac{9950 \cdot 0{,}2}{0{,}4}[1 - 1{,}816] = -4060 \text{ mkg}$$

oder $-4060/0{,}2 = -20\,300 \text{ mkg/m}^3$.

$dQ = G c\, dT$; bei $dQ = 0$ ist $c = 0$; die Adiabate ist eine Zustandslinie bei gleichbleibender spezifischer Wärme $c = 0$. Aus $T\,dS = dI - A V dP$ folgt für $dS = 0$ somit $dI = A V dP$. Aus $P V^\varkappa = \text{konst.}$ folgt

$$P \varkappa V^{\varkappa-1} dV + V^\varkappa dP = 0 \quad \text{und} \quad A V dP = -A \varkappa P dV$$

und

oder

$$I_2 - I_1 = -\varkappa A L_{12} = \frac{1{,}4}{427}\, 4060 = 13{,}32 \text{ kcal}$$

66,6 kcal/m³ oder 55,8 kcal/kg mit $G = P_1 V_1/R T_1 = 0{,}239$ kg.

Aus $Q_{12} = U_2 - U_1 + A L_{12}$ folgt

$$U_2 - U_1 = -A L_{12} = 4060/427 = 9{,}51 \text{ kcal}$$

oder 47,6 kcal/m³, auch 40 kcal/kg.

Die aufgewandte Arbeit L_{12} findet sich allein in der Zunahme der inneren Energie wieder.

Bilanz: $I_2 - I_1 = U_2 - U_1 + A P_2 V_2 - A P_1 V_1$

$$13{,}32 = 9{,}51 + \frac{1}{427}(8{,}030 \cdot 0{,}045 - 0{,}995 \cdot 0{,}20)\, 10^4,$$

was zahlenmäßig zutrifft.

Aufgabe 47. Ein Gas vom Zustand P_1 und v_1 wird einmal adiabatisch und einmal isothermisch auf den Druck $P_2 \gtrless P_1$ gebracht. Welche Raumänderungsarbeit ist größer, die adiabatische ($\varkappa = 1{,}4$) oder die isothermische? Welches ist die Neigung der Zustandslinien und wie groß ist ihre Subtangente?

Es ist

$$(l_{12})_{\text{ad}} = \frac{P_1 v_1}{\varkappa-1}\left[1 - \left(\frac{P_2}{P_1}\right)^{\frac{\varkappa-1}{\varkappa}}\right] = P_1 v_1 f_1\left(\frac{P_2}{P_1}\right)$$

und

$$(l_{12})_{\text{is}} = P_1 v_1 \ln \frac{P_1}{P_2}$$

$$= P_1 v_1 f_2 \left(\frac{P_2}{P_1}\right)$$

Für alle Druckverhältnisse

$P_2/P_1 < 9{,}4$ ist $|L_{\text{is}}| > |L_{\text{ad}}|$;

bei

$\quad P_2/P_1 = 9{,}4$ ist $L_{\text{is}} = L_{\text{ad}}$

und bei

$P_2/P_1 > 9{,}4$ ist $|L_{\text{ad}}| > |L_{\text{is}}|$,

$\dfrac{P_2}{P_1}$	$\left(\dfrac{P_2}{P_1}\right)^{\frac{\varkappa-1}{\varkappa}}$	f_1	f_2
0,1	0,518	1,205	2,303
0,5	0,820	0,450	0,693
1,0	1,000	0,000	0,000
2,0	1,219	$-0{,}548$	$-0{,}693$
5,0	1,583	$-1{,}458$	$-1{,}609$
10,0	1,931	$-2{,}328$	$-2{,}303$
40,0	2,869	$-4{,}673$	$-3{,}689$
9,3	1,891	$-2{,}228$	$-2{,}230$
9,4	1,897	2,242	$-2{,}241$
9,5	1,903	$-2{,}258$	$-2{,}251$

siehe hierzu Abb. 5, woraus hervorgeht, daß weitere Schnittpunkte der Kurven für f_1 und f_2 nicht vorkommen.

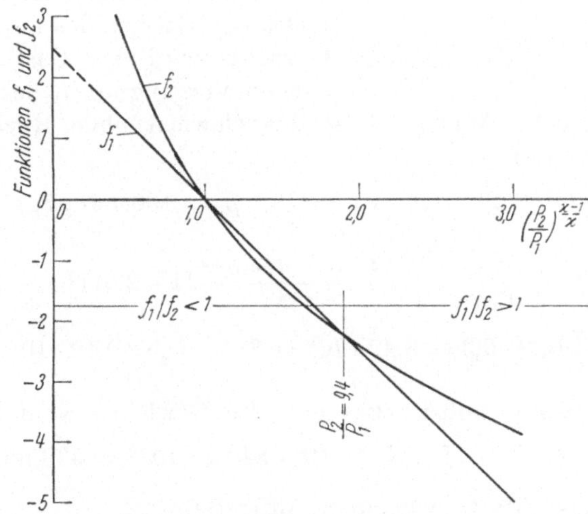

Abb. 5. Zu Aufgabe 47. Darstellung der Funktionen f_1 und f_2 von P_2/P_1.

Neigung der Adiabate:

$$P = P_1 \left(\frac{v_1}{v}\right)^{\varkappa}; \qquad \frac{dP}{dv} = P_1 v_1^{\varkappa}(-\varkappa)\frac{1}{v^{\varkappa+1}}; \qquad \left(\frac{dP}{dv}\right)_1 = -\varkappa\frac{P_1}{v_1}.$$

Neigung der Isotherme:

$$P = \frac{P_1 v_1}{v}; \qquad \frac{dP}{dv} = P_1 v_1(-1)\frac{1}{v^2}; \qquad \left(\frac{dP}{dv}\right)_1 = -\frac{P_1}{v_1}.$$

Es ist

$$\left|\varkappa\frac{P_1}{v_1}\right| > \left|\frac{P_1}{v_1}\right|.$$

Die Adiabate ist in allen Teilen stärker geneigt als die Isotherme. Die Subtangente folgt aus

$$\operatorname{tg} \varphi = -\frac{d\,P}{d\,v} = n\,\frac{P}{v} = \frac{P}{v/n}$$

zu Adiabate: $\quad s_1 = v_1/\varkappa$
Isotherme: $\quad s_1 = v_1$ $\left.\right\}$ an der Stelle P_1, v_1; siehe Abb. 6.

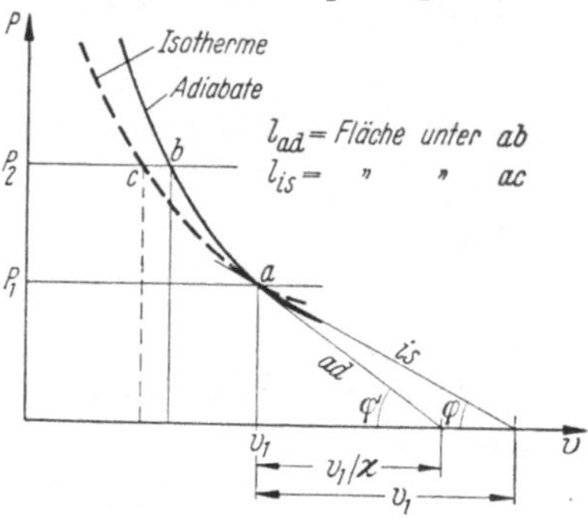

Abb. 6. Zu Aufgabe 47. Neigung von Adiabate und Isotherme sowie Subtangenten.

Aufgabe 48. In einem senkrecht angeordneten Zylinder von 200 mm l. Weite und 300 mm l. Länge befindet sich vor dem Kolben Gas von Umgebungstemperatur (20° C). Durch die Wirkung des äußeren Luftdruckes (1 at abs) und das Gewicht des Kolbens (3 at abs) steht das Gas unter 4 at abs. Auf den Kolben fällt aus 4 m Höhe ein Gewicht. Durch die kinetische Energie des aufprallenden Gewichts wird das Gas in adiabatischem Vorgang auf $^1/_{10}$ des Volumens zusammengedrückt. Wie groß ist das Gewicht ohne Rücksicht auf Reibung? ($\varkappa = 1,4$)

$$p_2 = p_1(V_1/V_2)^\varkappa = p_1 \cdot 10^\varkappa = 25,1\,p_1 = 100,4 \text{ at abs};$$

$$L_{12} = \frac{P_1 V_1}{\varkappa - 1}\left[1 - \left(\frac{P_2}{P_1}\right)^{\frac{\varkappa-1}{\varkappa}}\right] = \frac{4\cdot10^4\cdot9,42\cdot10^{-3}}{0,4}[1-2,511] = -1423\,\text{mkg};$$

$$V_1 = \frac{\pi}{4}\,0,2^2 \cdot 0,3 = 9,42 \cdot 10^{-3}\,\text{m}^3; \qquad V_2 = 9,42 \cdot 10^{-4}\,\text{m}^3.$$

Arbeit des äußeren Luftdruckes und des Gewichtes vom Kolben

$$L_A = P_1(V_1 - V_2) = 4 \cdot 10^4 \cdot 84,82 \cdot 10^{-4} = 339\,\text{mkg};$$

Arbeit des Gewichts G nach dem Auftreffen

zusammen $\qquad L_B = G(0,30 - 0,03) = 0,27\,G\,\text{mkg},$

$$Gh + L_A + L_B = L_{12}; \qquad G(h + 0,27) = L_{12} - L_A$$

und

$$G = \frac{1423 - 339}{4,27} = 254\,\text{kg}.$$

Das Gas wird auf

$$T_2 = T_1\left(\frac{P_2}{P_1}\right)^{\frac{\varkappa-1}{\varkappa}} = 293 \cdot 2,511 = 736°\,\text{K}; \qquad t_2 = 463°\,\text{C}$$

erwärmt. Der Vorgang ist unabhängig von der Art des Gases, wenn ihm nur der Wert $\varkappa = c_p/c_v = 1,4$ zugeordnet ist.

Aufgabe 49. In einem Behälter von 1200 l befindet sich Preßluft von 142 at Überdruck und 40° C. Durch einen Bruch im Rohrnetz entweicht schnell Preßluft, wodurch der Behälterdruck bis auf 12 at Überdruck absinkt, bis das Absperrventil am Behälter geschlossen worden ist. Wie tief sinkt die Temperatur bei adiabatischem Vorgang, wenn sich die Luft durchweg wie ein vollkommenes Gas verhält, und wieviel Luft strömte aus? Welcher Druck herrscht im Behälter nach allmählicher Annahme der Umgebungstemperatur von 20° C?

$$T_2 = T_1 \left(\frac{p_2}{p_1}\right)^{\frac{\varkappa-1}{\varkappa}} = 313 \left(\frac{13}{143}\right)^{\frac{\varkappa-1}{\varkappa}} = \frac{313}{1{,}984} = 158° \text{ K};$$

$$t_2 = -115° \text{ C}.$$

$$\left.\begin{aligned} G_1 &= \frac{P_1 V}{R T_1} = \frac{143 \cdot 1{,}2}{29{,}3 \cdot 313} 10^4 = 187{,}1 \text{ kg} \\ G_2 &= \frac{P_2 V}{R T_2} = \frac{13 \cdot 1{,}2}{29{,}3 \cdot 158} 10^4 = 33{,}7 \text{ kg} \end{aligned}\right\} G_1 - G_2 = 153{,}4 \text{ kg}.$$

Bei $V = $ konst. ist

$$p_3 = p_2 \frac{T_3}{T'_2} = 13 \frac{293}{158} = 24{,}1 \text{ at abs Enddruck.}$$

Wieviel Luft entströmt bei einer geringen Undichtheit, derzufolge der Luftdruck allmählich von 142 auf 12 at Überdruck absinkt?

$$G_1 - G_2 = \frac{V}{R T} [P_1 - P_2] = \frac{1{,}2 \cdot 130 \cdot 10^4}{29{,}3 \cdot 313} = 170 \text{ kg},$$

also erheblich mehr.

Aufgabe 50. In die Druckleitung einer Hochdruck-Kolbeneinspritz-pumpe ist ein Stoßdämpfer in Form eines Zylinders mit Kolben, gefüllt mit Stickstoff, eingebaut. Der Wasserdruck ist 140 at Über-druck, die Wassertemperatur 160° C. Wieviel Stoßenergie kann der Stoßdämpfer aufnehmen, wenn das Anfangsvolumen des Stickstoffs 1 l und die größte Verdichtung auf $^1/_4$ l vorgesehen ist?

$$L_{12} = \frac{P_1 V_1}{n-1} \left[1 - \left(\frac{V_1}{V_2}\right)^{n-1}\right] \quad \text{in mkg}$$

bei Vernachlässigung des Kolbengewichtes und der Änderung des Wasservolumens.

n	1,4	1,3	1,2	1,1	1,0
L_{12} mkg	2610	2420	2250	2100	1950
t_2 °C	481	383	298	224	160
p_2 at abs	981	854	744	646	564

Der Stoßdämpfer kann unabhängig von der Art des Gases L_{12} mkg an Stoßenergie aufnehmen.

Aufgabe 51. Wasserstoff wird einmal adiabatisch, einmal polytropisch ($n = 1,2$) und einmal isothermisch von 40 at abs und 60° C auf 1 at abs entspannt. Welche Ausdehnungsarbeit wird geleistet, welche Wärmemengen sind abzuführen und welches sind die Endtemperaturen?

$$l_{12} = \frac{1}{n-1} R T_1 \left[1 - \left(\frac{p_2}{p_1}\right)^{\frac{n-1}{n}} \right] \text{ bzw. } R T_1 \ln \left(\frac{p_1}{p_2}\right) \text{ mkg/kg;}$$

$$q_{12} = \frac{\varkappa - n}{\varkappa - 1} A l_{12} \qquad\qquad \text{bzw. } A l_{12} \qquad\qquad \text{kcal/kg;}$$

$$T_2 = T_1 \left(\frac{p_2}{p_1}\right)^{\frac{n-1}{n}} \qquad\qquad \text{bzw. } T_2 = T_1 \qquad °\text{K}$$

n	1,4	1,2	1,0
Ausdehnungsarbeit mkg/kg	228000	322000	5160000
Wärmezufuhr kcal/kg	0	377	1209
Temperatur t_2 °C	−157	−93	+60

Aufgabe 52. Wie groß ist die spezifische Wärme bei adiabatischer, polytropischer ($n = 1,3$ und 1,2 und 1,1), isothermischer, isobarischer und isochorischer Zustandsänderung von Sauerstoff ($c_v = 0,156$ kcal/kg · Grad)?

$$c_n = c_v \frac{n - \varkappa}{n - 1}$$

	Adiabate	Polytrope			Isotherme	Isobare	Isochore
n	1,4	1,3	1,2	1,1	1,0	0	∞
c_n	0	−0,052	−0,156	−0,468	∞	$c_p = 1,4\,c_v$ $= 0,218$	$c_r = 0,156$

Aufgabe 53. Bei einem Prozeß wird Kohlenoxyd zunächst von $p_1 = 1$ at abs, $v_1 = 0,909$ m³/kg isothermisch auf $p_2 = 4$ at abs und dann weiter adiabatisch auf $p_3 = 20$ at abs verdichtet. Welche Polytrope erreicht p_3, v_3 von p_1, v_1 aus in einem Zuge? Wie verhalten sich die Gasarbeiten und Wärmeabfuhren? Wie groß ist die spezifische Wärme längs der Polytrope ($R = 30,29$)?

$$T_1 = T_2 = \frac{p_1 v_1}{R} 10^4 = \frac{0,909}{30,29} 10^4 = 300° \text{K}; \qquad t_1 = t_2 = 27° \text{C};$$

$$l_{12} = p_1 v_1 10^4 \ln \left(\frac{p_1}{p_2}\right) = 10^4 \cdot 0,909 \ln \frac{1}{4} = -12610 \text{ mkg/kg;}$$

$$q_{12} = A l_{12} = -29,53 \text{ kcal/kg;}$$

$$T_3 = T_2 \left(\frac{p_3}{p_2}\right)^{\frac{\varkappa-1}{\varkappa}} = 300 \left(\frac{20}{4}\right)^{\frac{\varkappa-1}{\varkappa}} = 300 \cdot 1,583 = 475° \text{K;}$$

$$t_3 = 202° \text{C;}$$

$$l_{23} = p_1\,v_1\,10^4\,\frac{1}{\varkappa-1}\left[1-\frac{T_3}{T_2}\right] = 10^4\cdot 0{,}909\,\frac{1}{0{,}4}\,(-0{,}583) =$$

$$= -13\,260 \text{ mkg/kg}; \qquad q_{23} = 0.$$

Aus $p_3/p_1 = (T_3/T_1)^{n/(n-1)}$ folgt

$$\lg 20 = \frac{n}{n-1}\lg 1{,}583$$

und

$$\frac{n}{n-1} = \frac{1{,}3010}{0{,}1995} = 6{,}52$$

und $n = 1{,}182$;

$$l_{13} = \frac{p_1\,v_1}{n-1}\,10^4\left[1-\frac{T_3}{T_1}\right] = \frac{0{,}909}{0{,}182}\,10^4\,(-0{,}583) = -29\,100 \text{ mkg/kg};$$

$$q_{13} = \frac{\varkappa-n}{\varkappa-1}\,A\,l_{13} = -\frac{0{,}218}{0{,}4}\,\frac{29\,100}{427} = -37{,}15 \text{ kcal/kg}.$$

Aus $u_{31} = u_{21} + u_{32}$ folgt $q_{13} - A\,l_{13} = q_{12} + q_{23} - A\,l_{12} - A\,l_{23}$ oder $-37{,}15 + 29\,100/427 = 13\,260/427$ mit $q_{12} = A\,l_{12}$ und $q_{23} = 0$, was zahlenmäßig zutrifft.

Beim isothermisch/adiabatischen Vorgang sind

> 29,53 kcal/kg abzuführen und
> 25 870 mkg/kg aufzuwenden,

während beim polytropischen Vorgang $n = 1{,}182$

> 37,15 kcal/kg abzuführen und
> 29 100 mkg/kg aufzuwenden sind.

Die spezifische Wärme längs der Polytrope ist

$$c_n = c_v\,\frac{n-\varkappa}{n-1} = -1{,}198\,c_v$$

oder mit $c_v = 0{,}177$ kcal/kg · Grad gleich $c_n = -0{,}212$ kcal/kg · Grad. Damit folgt $q_{13} = -0{,}212 \cdot (202 - 27) = -37{,}15$ kcal/kg wie oben.

Aufgabe 54. Gegeben ist der Verlauf einer Zustandsänderung im Druck-Volumen-Diagramm laut Abb. 7. Welches ist die Darstellung im T, s-Diagramm? Welche Wärmemengen werden ausgetauscht und welche Arbeiten sind zu leisten? Für die Rechnung sei angenommen, daß Stickstoff die Zustandsänderung von *1* nach *2* erleidet.

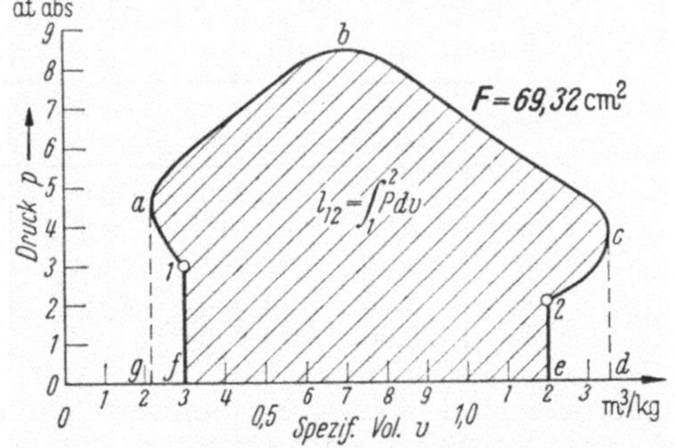

Abb. 7. Zu Aufgabe 54. Gegeben eine Zustandsänderung im p, v-Diagramm.

Die mechanische Gasarbeit ist durch die schraffierte Fläche im p,v-Diagramm (Abb. 7) gegeben. Das (verkleinerte) Diagramm wurde mit den Maßstäben

$$1 \text{ cm} \triangleq 0,1 \text{ m}^3/\text{kg} \quad \text{und} \quad 1 \text{ cm} \triangleq 1 \text{ at abs}$$

gezeichnet. Die schraffierte Fläche ist 69,32 cm². Damit ist

$$A l_{12} = 69{,}32 \cdot 0{,}1 \cdot 10000/427 = +162{,}3 \text{ kcal/kg}.$$

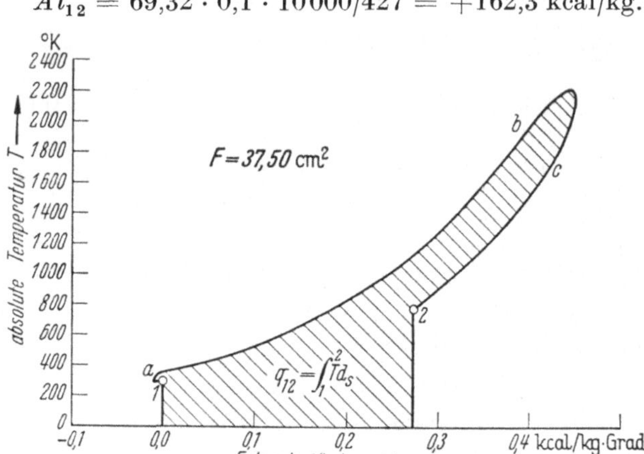

Abb. 8. Zu Aufgabe 54. T, s-Diagramm zu Abb. 7.

Die Temperatur in den einzelnen Zustandspunkten errechnet sich aus $T = Pv/R$. Gibt man der Entropie im Anfangszustand p_1, v_1 den Wert Null, so hat der Vorgang im T,s-Diagramm den in Abb. 8 angegebenen Verlauf. Die Entropieänderung, für jeden Punkt i der Zustandslinie bezogen auf den Anfangspunkt $s_1 = 0{,}000$ errechnet sich über

$$s_i - s_1 = c_p \, 2{,}303 \lg (T_i/T_1) - AR \, 2{,}303 \lg (P_i/P_1)$$

mit unveränderlich angenommenen $c_p = 0{,}248$ kcal/kg · Grad und $R = 30{,}26$ mkg/kg · Grad zu

Punkt	p at abs	v m³/kg	T °K	t °C	$s_i - s_1$ kcal/kg · Grad
1	3,00	0,300	297,4	24,4	0,0000
a	4,50	0,217	322,7	49,7	−0,0085
b	8,45	0,700	1954,7	1681,7	+0,3943
c	3,80	1,353	1699,1	1426,1	+0,4162
2	2,00	1,200	793,1	520,1	+0,2724

Außerdem sind noch Zwischenwerte zu ermitteln. Es ist nach dem T,s-Diagramm zunächst bis etwa Zustand a Wärme abzuführen, dann folgt starke Wärmezufuhr ʼbis über Zustand b hinaus. Anschließend ist wieder Wärme abzuführen bis Endzustand 2. Die Wärmemengen entsprechen jeweils den unter der Zustandslinie befindlichen und bis zur Abszisse $T = 0$ reichenden Flächenstücken. Die gesamte Wärmeaufnahme (Zufuhren weniger Abfuhren) entspricht der schraffierten Fläche (Abb. 8). Im (verkleinerten) Diagramm bedeuten

$$1 \text{ cm} \;\hat{=}\; 200° \text{ K} \quad \text{und} \quad 1 \text{ cm} \;\hat{=}\; 0,0333 \text{ kcal/kg} \cdot \text{Grad.}$$

Die schraffierte Fläche beträgt $37,50 \text{ cm}^2$. Damit ergibt sich

$$q_{12} = 37,50 \cdot 200 \cdot 0,0333 = +250,0 \text{ kcal/kg.}$$

Bilanz mit

$$q_{12} = u_{21} + A\, l_{12}.$$

Es ist $u_{21} = c_v(T_2 - T_1) = 0,177 \cdot (793,1 - 297,4) = 87,7 \text{ kcal/kg}$ mit unveränderlich angenommenem $c_v = 0,177 \text{ kcal/kg} \cdot \text{Grad}$. Tatsächlich ist

$$250,0 = 87,7 + 162,3.$$

Berücksichtigt man die Temperaturabhängigkeit der spezifischen Wärmen, so ist q_{12} etwas größer, nämlich

$$q_{12} = c_{v2}\, t_2 - c_{v1}\, t_1 + A\, l_{12}$$
$$= 0,185 \cdot 520,1 - 0,177 \cdot 24,4 + 162,3 = 253,9 \text{ kcal/kg.}$$

Berechnet man die Entropieänderungen mit veränderlichen Werten für c_p, so ergeben sich entsprechend größere Entropiedifferenzen, ein etwas breiteres T,s-Diagramm und eine größere Fläche, nämlich $38,12 \text{ cm}^2$.

Aufgabe 55. Stelle die maximale Arbeit im P, V-Diagramm und die technische Arbeitsfähigkeit bis auf den Umgebungszustand im P, V- und I, S-Diagramm dar.

P, V-Diagramm. Ausgangszustand P_1, v_1, T_1; Umgebungszustand P_0, v_0, T_0. Arbeit vermag nur ein Gas zu leisten, das nicht im Gleichgewicht mit seiner Umgebung ist. Gas und Umgebung werden als ein System betrachtet, das ins Gleichgewicht übergeht und dabei nach außen Arbeit leistet. Das Gas soll nur vermöge seiner inneren Energie Arbeit leisten, Wärmezufuhr aus der Umgebung des Systems ist ausgeschlossen. Die maximale Gasarbeit wird dann beim Übergang von P_1, T_1 nach P_0, T_0 geleistet, wenn das Gas zunächst adiabatisch

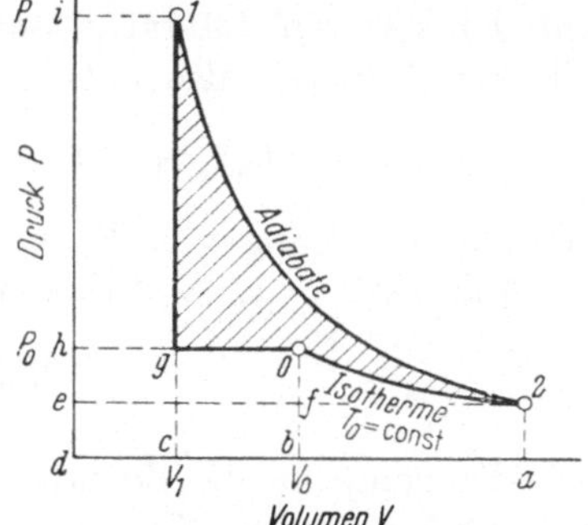

Abb. 9. Zu Aufgabe 55. Maximale Arbeit und technische Arbeitsfähigkeit im P, V-Diagramm.

bis auf P_2, T_0 und dann isothermisch bis auf P_0, T_0 übergeht. In Abb. 9 ist die Adiabate *1 2* gezeichnet. Die unter dieser Zustandslinie befindliche Fläche ist mit

$$Q_{12} = 0 = U_{21} + AL_{12} \quad \text{gleich} \quad AL_{12} = U_1 - U_2.$$

Von *2* bis *0* reicht eine Isotherme $T_0 =$ konst. Die unter ihr liegende Fläche entspricht der Gasarbeit $AL_{20} = Q_{20} = T_0(S_2 - S_0) = T_0(S_1 - S_0)$ Nicht nutzbar ist die Arbeit beim Verdrängen der Umgebung, bedingt dadurch, daß sich das Gas ausdehnt. Diese Arbeit ist $AL_V = AP_0(V_0 - V_1)$. Das Gas vermag mithin eine maximale Arbeit von

$$AL_{12} - AL_{20} - AL_V = AL_{\max} = U_1 - U_2 - T_0(S_1 - S_0) + AP_0(V_1 - V_0$$
$$= \text{Fläche } (120g1) = \text{Flächen } (12ac1) - (ab02a) - (bcg0b)$$

oder

$$AL_{\max} = I_1 - I_0 - T_0(S_1 - S_0) - AV_1(P_1 - P_0)$$
$$= \text{Fläche } (120g1) = \text{Flächen } (12ei1) - (2f02) - 0feh0) - (1ghi1)$$

mit $I_2 = I_0$ wegen $T_2 = T_0$ und Fläche $(abf2a) =$ Fläche $(feh0f)$. Da nur Gasenergie über Arbeit umgesetzt werden soll, scheiden Vorgänge mit $n < \varkappa = 1{,}4$ aus, weil dabei Wärme aus der Umgebung des Systems herangeführt werden müßte. Bei Vorgängen mit $n > \varkappa$ wäre die Arbeit kleiner als $AL_{\max}$ (steilere Zustandslinie von *1* nach *2* und kleinere schraffierte Fläche in Abb. 9) und würde Wärme vom Gase an die Umgebung des Systems abgegeben. Die größtmögliche Arbeit wird bei adiabatischer Zustandsänderung geleistet.

I, S-Diagramm. Die technische Arbeitsfähigkeit $AL' = A\int VdP$ (in der neueren Literatur auch L_f genannt) ist gegeben durch die Fläche $(120hi1)$, also mit

$$AL'_{10} = AL_{\max} + AV_1(P_1 - P_0) = I_1 - I_0 - T_0(S_1 - S_0)$$

für den Übergang von P_1, v_1, T_1 nach P_0, T_0.

Aus $TdS = dI - AVdP$ folgt für $P =$ konst.

$$\left(\frac{dI}{dS}\right)_P = T.$$

Die Tangente an die Zustandslinie $P_0 =$ konst. bei P_0, T_0, I_0, S_0 hat im I, S-Diagramm die Neigung T_0 (Tangente = Umgebungsgerade). Demnach ist die Strecke $\overline{a\,2}$ in Abb. 10 gleich $T_0(S_1 - S_0)$ und die Strecke $\overline{1\,a}$ gleich

$$I_1 - I_0 - T_0(S_1 - S_0) = AL'_{10}.$$

Die technische Arbeitsfähigkeit ist gleich dem senkrechten Abstand des Anfangspunktes *1* von der Umgebungsgeraden.

Aufgabe 56. Wie groß sind maximale Arbeit und technische Arbeitsfähigkeit von Preßluft mit 7 at Überdruck und 15° C, wenn der Umgebungszustand 1 at abs und 15° C ist? Wie stellt sich der Vorgang im P,v-Diagramm dar? Wie ändern sich die Werte und die Darstellung, wenn die Luft zunächst bei konstantem Druck auf 200° C vorgewärmt wird? Welche durchschnittliche Leistung hat bei völlig verlustfreiem Betrieb ein Preßluftmotor, wenn er stündlich 100 m³ Preßluft verbraucht?

Bei Preßluft von 15° C (Zustandspunkt a in Abb. 11):

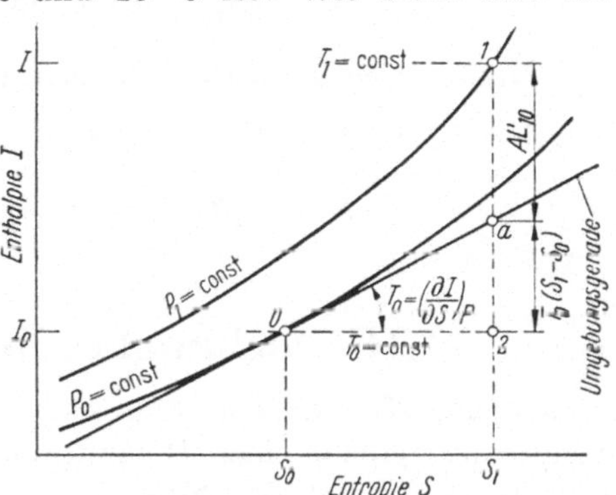

Abb. 10. Zu Aufgabe 55. Technische Arbeitsfähigkeit im I, S-Diagramm.

$$A\,l_{\max} = i_a - i_0 - T_0(s_a - s_0) - A(P_1 - P_0)v_a.$$

Es ist $i_a = i_0$ und $v_a = RT_0/P_1 = 29{,}3 \cdot 288/(8 \cdot 10^4) = 0{,}1055$ m³/kg.

$$s_a - s_0 = -AR\,2{,}303\,\lg\left(\frac{P_1}{P_0}\right) = -\frac{29{,}3}{427}\,2{,}303\,\lg 8 = -0{,}1427$$

kcal/kg · Grad bei $T_a = T_0$.

$$A\,l_{\max} = 288 \cdot 0{,}1427 - \frac{0{,}1055}{427}\,7 \cdot 10^4 = 23{,}80\ \text{kcal/kg};$$

die technische Arbeitsfähigkeit ist

$$A\,l'_{a0} = 288 \cdot 0{,}1427 = 41{,}10\ \text{kcal/kg}.$$

Bei Preßluft von 200° C (Zustandspunkt *1* in Abb. 11):

$$i_1 = c_p t_1 = 0{,}24 \cdot 200 = 48{,}00\ \text{kcal/kg};$$

$$i_0 = 0{,}24 \cdot 15 = 3{,}60\ \text{kcal/kg};$$

$$i_1 - i_0 = 44{,}40\ \text{kcal/kg};$$

$$T_1 = 473° \text{K};$$

$$T_0 = 288° \text{K};$$

$$v_1 = 29{,}3 \cdot 473/(8 \cdot 10^4) = 0{,}1732\ \text{m}^3/\text{kg};$$

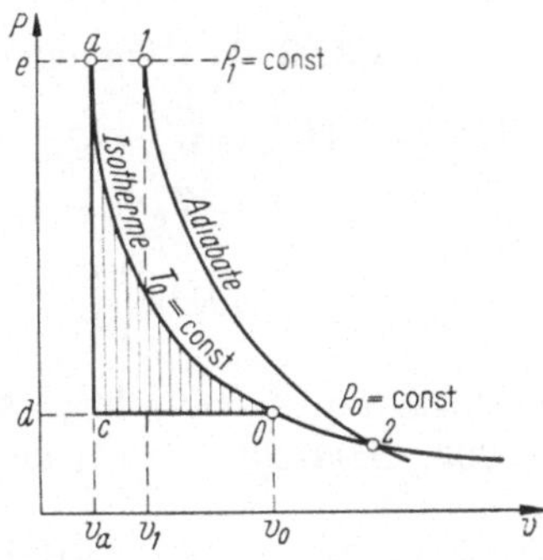

Abb. 11. Zu Aufgabe 56. Maximale Arbeit und technische Arbeitsfähigkeit von Preßluft.

$$s_1 - s_0 = c_p \ln(T_1/T_0) - AR\ln(P_1/P_0)$$

$$= 0{,}24 \cdot 2{,}303\,\lg\frac{473}{288} - \frac{29{,}3}{427}\,2{,}303\,\lg 8 = -0{,}0237\ \text{kcal/kg} \cdot \text{Grad};$$

$$A\,l_{\max} = 44{,}40 - 288\,(-0{,}0237) - \frac{0{,}173}{427}\,7 \cdot 10^4 = 22{,}84\ \text{kcal/kg};$$

$$A\,l'_{10} = 44{,}40 + 288 \cdot 0{,}0237 = 51{,}23\ \text{kcal/kg}.$$

Preßluftmotor. $V_1 = 100\ \mathrm{m^3}$ Preßluft wiegen $G = V_1/v_1 = 100/0{,}1732$ $= 577{,}4\ \mathrm{kg/h}$; Arbeitsfähigkeit von $577{,}4\ \mathrm{kg}$ Preßluft

$$AL'_{10} = A G l'_{10} = 51{,}23 \cdot 577{,}4 = 2{,}96 \cdot 10^4\ \mathrm{kcal}.$$

Der Motor vermag durchschnittlich zu leisten:

$$N = 2{,}96 \cdot 10^4/3600 = 8{,}22\ \mathrm{kcal/s} \quad \text{oder}$$

$$N = 8{,}22 \cdot 4{,}184 = 34{,}4\ \mathrm{kW}.$$

III. Nichtumkehrbare Vorgänge.

Aufgabe 57. Luft von 4 at Überdruck und $25°\,\mathrm{C}$ wird in den Steuerungsorganen eines Preßluftmotors um 10 vH gedrosselt. Der Umgebungszustand sei $20°\,\mathrm{C}$ und 1 at abs. Um wieviel verringert sich die technische Arbeitsfähigkeit?

$$i_1 = i_2 = c_p t_{12} = 0{,}24 \cdot 25 = 6{,}00\ \mathrm{kcal/kg};$$

$$p_1 = 5\ \mathrm{at\ abs}, \quad p_2 = 4{,}5\ \mathrm{at\ abs}.$$

$$s_1 - s_0 = c_p \ln\left(\frac{T_1}{T_0}\right) - A R \ln\left(\frac{P_1}{P_0}\right) = 0{,}24 \ln\frac{298}{293} - \frac{29{,}3}{427} \ln 5$$

$$= -0{,}1064\ \mathrm{kcal/kg \cdot Grad};$$

$$A l'_{10} = i_1 - i_0 - T_0(s_1 - s_0) = 6{,}00 - 4{,}80 + 293 \cdot 0{,}1064$$

$$= 32{,}37\ \mathrm{kcal/kg\ oder\ 13\,822\ mkg/kg};$$

$$A l'_{10} - A l'_{20} = i_1 - i_2 - T_0(s_1 - s_2) \quad \text{oder mit}\ i_1 = i_2\ \text{einfach}$$

$$= T_0(s_2 - s_1)$$

$$s_2 - s_1 = A R \ln\left(\frac{P_1}{P_2}\right) = \frac{29{,}3}{427} \ln\frac{5{,}0}{4{,}5} = 0{,}007\,23\ \mathrm{kcal/kg \cdot Grad};$$

Verlust an technischer Arbeitsfähigkeit durch Drosseln: $\Delta(A l')$ $= 293 \cdot 0{,}007\,23 = 2{,}147\ \mathrm{kcal/kg \cdot Grad\ oder\ 916{,}8\ mkg/kg\ oder}$

$$100\,\frac{2{,}147}{32{,}37} = 6{,}63\ \mathrm{vH}.$$

Nach dem 2. Hauptsatz findet die Nichtumkehrbarkeit Ausdruck in einer Zunahme der Entropie.

Angenähert: Aus

$$ds = A R \frac{dp}{p} = A\,\frac{848}{M}\,\frac{dp}{p} \approx \frac{2}{M}\,\frac{dp}{p}$$

ist

$$\Delta s \approx \frac{2}{M}\,\frac{\Delta p}{p} = \frac{2}{29}\,\frac{0{,}5}{5} = 0{,}0069\ \mathrm{kcal/kg \cdot Grad}.$$

Fehler bei der Näherungsrechnung: Bei $p = 5$ at abs ist bei

Δp	$100 \dfrac{\Delta p}{p}$	$10^5 \Delta s$	$10^5 (s_2 - s_1)$	$100 \dfrac{\Delta s - (s_2 - s_1)}{s_2 - s_1}$
0,1	2	138	138,6	$-$ 0,43 vH
0,5	10	690	723	$-$ 4,56 vH
1,0	20	1380	1531	$-$ 9,86 vH
2,0	40	2760	3505	$-$21,26 vH

Der Fehler ist bei mehr als 10 vH Abdrosselung etwa $^1/_2$ mal so groß wie das Verhältnis von Druckabfall zu Anfangsdruck. Man berechnet so den Verlust an technischer Arbeitsfähigkeit zu gering.

Aufgabe 58. In welchem Maße verringert sich die technische Arbeitsfähigkeit, wenn Druckluft von 2 at abs und -20° C auf 0,5 at abs gedrosselt wird? Umgebungszustand 0° C und 1 at abs. Veranschauliche den Vorgang im i, s-Diagramm.

$$s_1 - s_0 = c_p \ln(T_1/T_0) - AR \ln(P_1/P_0)$$

$$= 0{,}24 \ln \frac{253}{273} - \frac{29{,}3}{427} \ln 2 = -0{,}06571 \text{ kcal/kg} \cdot \text{Grad};$$

$$s_2 - s_0 = -0{,}01826 + 0{,}04745 = +0{,}02919 \text{ kcal/kg} \cdot \text{Grad};$$

$$\Delta(Al') = T_0(s_2 - s_1) = 273 \cdot 0{,}09490 = 25{,}91 \text{ kcal/kg}$$

$$\text{oder} \quad 11064 \text{ mkg/kg},$$

wobei $A l'_{10} = 0{,}24 \cdot (-20) - 273 \cdot (-0{,}06571) = 13{,}14$ kcal/kg

$$\text{oder} \quad 5611 \text{ mkg/kg} \quad \text{und}$$

$A l'_{20} = 0{,}24 \times$
$\times (-20) - 273 \cdot 0{,}02919$
$= -12{,}77$ kcal/kg

oder -5453 mkg/kg

absolut addiert werden. Die grundsätzliche Darstellung ist in Abb. 12 wiedergegeben. Die Luft hat im Zustand *1* eine positive und im Zustand *2* eine negative Arbeitsfähigkeit gegenüber der Umgebung. In beiden Zuständen ist die Luft nicht

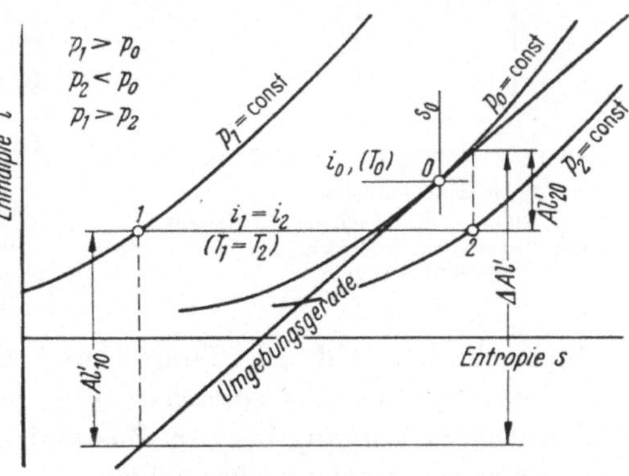

Abb. 12. Zu Aufgabe 58. Verminderung der technischen Arbeitsfähigkeit von Preßluft durch Drosseln.

im Gleichgewicht mit der Umgebung und hat das System Luft plus Umgebung die Fähigkeit Arbeit zu leisten, und zwar so lange, bis Gleichgewicht erreicht ist.

Aufgabe 59. In einem Zwischenüberhitzer gehen stündlich $2{,}5 \cdot 10^6$ kcal von den Rauchgasen an den Wasserdampf über. Das mittlere Temperaturgefälle ist $400°$, die mittlere Dampftemperatur $500°$ C. Wie groß ist die Entropiezunahme bei unveränderlich angenommenen Temperaturen?

$$Q = 2{,}5 \cdot 10^6 \text{ kcal/h}, \quad T_1 = 1173° \text{ K}, \quad T_2 = 773° \text{ K};$$

$$\varDelta S = \frac{Q}{T_2} - \frac{Q}{T_1} = 2{,}5 \cdot 10^3 \left(\frac{1000}{773} - \frac{1000}{1173} \right) = 1028{,}8 \text{ kcal/h} \cdot \text{Grad}.$$

Aufgabe 60. Gasflaschen werden aus einem großen Behälter aufgeladen. Das unter Druck im Vorratsbehälter befindliche Gas hat $20°$ C. Die Flaschen enthalten zunächst Gas unter 1 at abs und ebenfalls $20°$ C und werden durch kurzzeitiges Anschließen aufgefüllt. Bedingung ist, daß die gefüllten Flaschen bei $15°$ C einen Gasdruck von 150 at abs aufweisen. Wie groß muß der Druck im Vorratsbehälter sein? $[c_p \neq f(p, t).]$

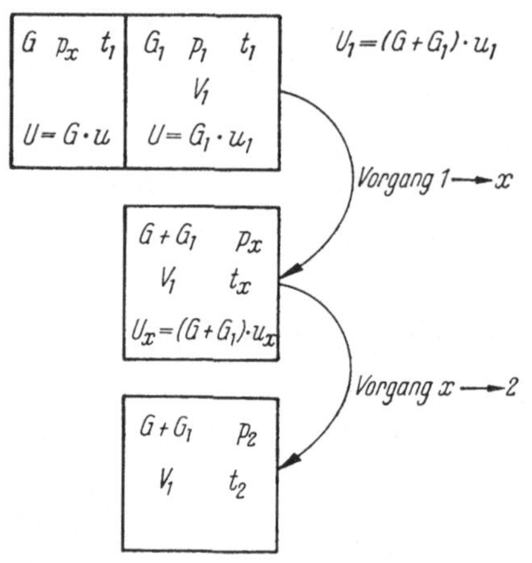

Abb. 13. Zustandsgrößen zu Aufgabe 60.
Zustand *1* vor dem Aufladen;
Zustand *2* unmittelbar nach dem Aufladen;
Zustand *3* nach dem Aufladen und nach Temperaturausgleich.

Füllgewicht G;
Behälterdruck p_x;
Behältertemperatur $t_1 = 20°$ C;
Innere Energie Füllgas $G u_1 = G c_v t_1$;
Gasgewicht Flasche vor Füllen G_1;
Gasdruck Flasche vor Füllen $p_1 = 1$ at abs;
Gastemperatur Flasche vor Füllen $t_1 = 20°$ C;
Innere Energie Gas Flasche vor Füllen $G_1 u_1 = G_1 c_v t_1$;
Flaschen-Rauminhalt je V_1;
Gastemperatur Flasche nach Füllen t_x;
Innere Energie Gas Flasche nach Füllen $(G + G_1) u_x = (G + G_1) c_v t_x$;
Gastemperatur Flasche nach Füllen und Abkühlen $t_2 = 15°$ C;
Gasdruck Flasche nach Füllen und Abkühlen $p_2 = 150$ at abs.

Siehe hierzu Abb. 13. Füllgas und Gas in Flasche vor Füllen bilden ein System, das zunächst vom Zustand p_x bzw. p_1 und t_1 in adiabatischem Vorgang bis zum Zustand p_x, t_x verdichtet wird, indem von außen die mechanische Arbeit

$$L_{1x} = G_1 l_{1x} = G_1 R T_1 \frac{1}{\varkappa - 1} \left[1 - \left(\frac{p_x}{p_1} \right)^{\frac{\varkappa - 1}{\varkappa}} \right]$$

unter Wirkung des Druckes im Vorratsbehälter aufgewandt wird. Danach kühlt sich der Flascheninhalt $G + G_1$ bei unveränderlichem

Volumen V_1 von t_x auf t_2 ab, wobei der Druck in der verschlossenen Flasche von p_x auf p_2 fällt. Aus

$$Q_{1x} = U_x - U_1 + AL_{1x} = 0$$

folgt

$$(G + G_1)u_1 - (G + G_1)u_x = G_1 A l_{1x}$$

und mit

$$G + G_1 = \frac{P_x V_1}{R T_x} \quad \text{sowie} \quad G_1 = \frac{P_1 V_1}{R T_1}$$

und

$$t_1 - t_x = T_1 - T_x \quad \text{sowie} \quad AR/c_v = \varkappa - 1$$

weiterhin

$$\frac{P_x V_1}{R T_x} c_v (t_1 - t_x) = \frac{P_1 V_1}{R T_1} A R T_1 \frac{1}{\varkappa - 1} \left[1 - \left(\frac{p_x}{p_1} \right)^{\frac{\varkappa - 1}{\varkappa}} \right]$$

oder

$$\frac{P_x}{T_x} (T_1 - T_x) = P_1 \left[1 - \left(\frac{p_x}{p_1} \right)^{\frac{\varkappa - 1}{\varkappa}} \right].$$

Wegen $P_2/T_2 = P_x/T_x$ kann man umformen:

$$\frac{T_1}{T_2} - \frac{p_x}{p_2} = \frac{p_1}{p_2} \left[1 - \left(\frac{p_x}{p_1} \right)^{\frac{\varkappa - 1}{\varkappa}} \right].$$

Aus dieser Gleichung ermittelt man p_x zweckmäßig graphisch. Es ist nicht statthaft $(p_x/p_1)^{\frac{\varkappa - 1}{\varkappa}}$ durch T_x/T_1 zu ersetzen und p_x über T_x auszurechnen, weil dieses T_x sich nur auf die Menge G_1 und das oben eingesetzte auf die Zustandsänderung einer Menge $G + G_1$ bezieht. Man findet $p_x = 155{,}85$ at abs. T_x ergibt sich dann zu $299{,}2\degree$ K, $t_x = 26{,}2\degree$ C, als Folge der adiabatischen Kompression beim Füllen. Die Größe des Behälters und der Flaschen sowie die Art des Gases sind belanglos, wenn nur der Druck im Behälter konstant bleibt und die Zustandsänderungen sich in einem Gebiet zutragen, in dem das allgemeine Gasgesetz genügend genau gilt.

Aufgabe 61. Der absolut leere Anlaß-Druckluftkessel von 0,600 m³ Fassungsvermögen (siehe Aufgabe 19) einer Dieselmaschine wird durch Preßluft aus 4 Stahlflaschen je 30 l Inhalt und 100 at abs bei der Inbetriebnahme langsam gefüllt. Um wieviel nimmt die Entropie bei diesem nichtumkehrbaren Vorgang zu, wenn die Temperatur des Systems Kessel plus Flaschen unveränderlich 20° C bleibt und keine Wärme mit der Umgebung ausgetauscht wird?

$$V_1 = 0{,}600 \text{ m}^3, \quad t_1 = 20\degree \text{ C}, \quad T_1 = 293\degree \text{ K}, \quad p_1 = 0 \text{ at abs};$$

$$V_2 = 4 \cdot 0{,}030 = 0{,}120 \text{ m}^3; \quad t_2 = 20\degree \text{ C} \quad \text{und} \quad p_2 = 100 \text{ at abs}.$$

Vorgang zugleich adiabatisch und isothermisch. Endzustand Zeiger m.

$$p_1 V_1 + p_2 V_2 = p_m (V_1 + V_2); \qquad p_1 = 0:$$

$$p_m = \frac{p_2 V_2}{V_1 + V_2} = \frac{100 \cdot 0{,}120}{0{,}720} = 16{,}67 \text{ at abs};$$

$$G = \frac{P_2 V_2}{R T_2} = \frac{100 \cdot 10^4 \cdot 0{,}120}{29{,}3 \cdot 293} = 13{,}98 \text{ kg};$$

$$S_m - S_2 = G A R \ln\left(\frac{p_2}{p_m}\right) = 13{,}98 \, \frac{29{,}3}{427} \ln 6 = +1{,}719 \text{ kcal/Grad}.$$

Aufgabe 62. Wie groß ist die Entropiezunahme des Systems Kessel und Flaschen, wenn der Kessel (Aufgabe 61) nicht leer, sondern zu Beginn schon mit Luft von 6 at abs und $-5°$ C gefüllt ist?

$$V_1 = 0{,}600 \text{ m}^3; \qquad t_1 = -5° \text{C}; \qquad T_1 = 268° \text{K}; \qquad p_1 = 6 \text{ at abs};$$

$$V_2 = 0{,}120 \text{ m}^3; \qquad t_2 = +20° \text{C}; \qquad T_2 = 293° \text{K}; \qquad p_2 = 100 \text{ at abs}.$$

$$V_1 + V_2 = \text{konst.}; \qquad G_1 c_{v\,1}(t_m - t_1) + G_2 c_{v\,2}(t_m - t_2) = 0; \qquad c_{v1} = c_{v2};$$

$$G_1 = \frac{P_1 V_1}{R T_1} = \frac{6 \cdot 10^4 \cdot 0{,}600}{29{,}3 \cdot 268} = 4{,}58 \text{ kg}; \qquad G_2 \text{ (oben)} = 13{,}98 \text{ kg};$$

$$t_m = \frac{G_1 t_1 + G_2 t_2}{G_1 + G_2} = \frac{4{,}58\,(-5) + 13{,}98 \cdot 20}{4{,}58 + 13{,}98} = 13{,}8 °\text{C}$$

oder $T_m = 286{,}8°$ K, oder auch

$$T_m = \frac{p_1 V_1 + p_2 V_2}{\dfrac{p_1 V_1}{T_1} + \dfrac{p_2 V_2}{T_2}} = \frac{6 \cdot 0{,}600 + 100 \cdot 0{,}120}{\dfrac{6 \cdot 0{,}600}{268} + \dfrac{100 \cdot 0{,}120}{293}} = 286{,}8° \text{ K};$$

$$p_m = \left[\frac{p_1 V_1}{R T_1} + \frac{p_2 V_2}{R T_2}\right] \frac{R T_m}{V_1 + V_2} = \left(\frac{6 \cdot 0{,}600}{268} + \frac{100 \cdot 0{,}120}{293}\right) \frac{286{,}8}{0{,}720}$$

$$= 21{,}67 \text{ at abs}.$$

Arbeitsfähigkeit der Luft im Kessel Zustand 1 gegen p_m, T_m:

mit
$$A L'_{1m} = G_1 [i_1 - i_m - T_m (s_1 - s_m)] = -115{,}0 \text{ kcal}$$

$i = c_p t$ und $s_1 - s_m = c_p \ln(T_1/T_m) - A R \ln(p_1/p_m) = +0{,}0718;$

Arbeitsfähigkeit der Luft in den Flaschen Zustand 2 gegen p_m, T_m:

$$A L'_{2m} = G_2 [i_2 - i_m - T_m (s_2 - s_m)] = +391{,}3 \text{ kcal}$$

mit $s_2 - s_m = -0{,}126$ kcal/kg $\cdot$ Grad. Summe der Arbeitsfähigkeit des Systems Kessel plus Flaschen $= 391{,}3 + (-115{,}0) = 276{,}3$ kcal.

Nach dem Vermischen ist die Arbeitsfähigkeit verschwunden und hat die Entropie um

$$\Delta S = \frac{\Sigma\,A\,L'}{T_m} = \frac{276,3}{286,8} = 0\,963 \text{ kcal/Grad}$$

zugenommen.

Aufgabe 63. Zwei Wasserstoffbehälter von je 40 m³ Fassungsvermögen, von welchen der eine unter 21 at Überdruck bei 25° C und der andere unter 18 at Überdruck bei 25° C stehen, werden miteinander unter langsamem Öffnen des Absperrventils verbunden. Wie groß ist die Entropiezunahme, wenn die Temperatur ständig 25° C bleibt und mit der Umgebung keine Wärme ausgetauscht wird? Wie ist das Ergebnis, wenn das Absperrventil sehr schnell geöffnet und nach Druckausgleich sofort wieder geschlossen wird und die beiden Behälter weder untereinander noch mit der Umgebung Wärme austauschen?

$$V_1 = 40 \text{ m}^3; \quad p_1 = 22 \text{ at abs}; \quad t_1 = 25° \text{ C}; \quad T_1 = 298° \text{ K};$$

$$V_2 = 40 \text{ m}^3; \quad p_2 = 19 \text{ at abs}; \quad t_2 = 25° \text{ C}; \quad T_2 = 298° \text{ K}.$$

a) *Langsames Öffnen*, das System der beiden Behälter bleibt auf 25° C, beide Behälter tauschen Wärme aus, $T_m = 298°$ K.

$$p_m = \frac{p_1\,V_1 + p_2\,V_2}{V_1 + V_2} = \frac{p_1 + p_2}{2} = 20,5 \text{ at abs};$$

$$\left.\begin{aligned} G_1 &= \frac{P_1\,V_1}{R\,T_1} = \frac{22 \cdot 10^4 \cdot 40}{420,6 \cdot 298} = 70,21 \text{ kg} \\ G_2 &= \frac{P_2\,V_2}{R\,T_2} = \frac{19 \cdot 10^4 \cdot 40}{420,6 \cdot 298} = 60,63 \text{ kg} \end{aligned}\right\} G_1 + G_2 = 130,84 \text{ kg};$$

Arbeitsfähigkeit bei $i_1 = i_m = i_2$

$$A L'_{1m} = G_1\,T_m\,(s_m - s_1) = G_1\,A\,R\,T_m \ln\,(p_1/p_m) = +1455,4 \text{ kcal};$$

$$A L'_{2m} = G_2\,T_m\,(s_m - s_2) = G_2\,A\,R\,T_m \ln\,(p_2/p_m) = -1352,5 \text{ kcal};$$

$$A L'_{1m} - A L'_{2m} = 102,9 \text{ kcal}; \quad \Delta S = 102,9/298 = 0,345 \text{ kcal/Grad}.$$

$A L' = G A R T \ln\,(p/p_m) = A P V \ln\,(p/p_m)$ ist der Ausdruck für die isothermische Arbeit bei der Ausdehnung bzw. Verdichtung auf p_m. Bei diesem nichtumkehrbaren Vorgang wird die Mehrarbeit

$$|L'_{1m}| > |L'_{2m}| = |L_{1m}| > |L_{2m}| \quad \text{(Isotherme!)}$$

nicht wie beim umkehrbaren Vorgang gewonnen, weil die Begrenzung des Systems energie- und stoffdicht ist. Bei der Vermischung gelangen die beiden Behälterinhalte ins Gleichgewicht, wobei eine Arbeit von 102,9 kcal zu leisten ist, die sich im Endzustand in einer Entropiezunahme auswirkt.

b) *Schnelles Öffnen*, die beiden Behälter tauschen keine Wärme aus. p_m ist wie oben 20,5 at abs. Adiabatische Ausdehnung im ersten Behälter von 22 auf 20,5 at abs:

$$T_{1m} = T_1 \left(\frac{p_m}{p_1}\right)^{\frac{\varkappa-1}{\varkappa}} = 298 \left(\frac{20,5}{22}\right)^{\frac{\varkappa-1}{\varkappa}} = 292,0°\,\text{K} \quad \text{oder} \quad 19,0°\,\text{C}.$$

$$G_1 = 70.21 \text{ kg}; \quad G_{1m} = \frac{P_m V_1}{R\,T_{1m}} = \frac{20,5 \cdot 10^4 \cdot 40}{420,6 \cdot 292} = 66,76 \text{ kg};$$

$$G_{2m} = G_1 + G_2 - G_{1m} = 130,84 - 66,76 = 64,08 \text{ kg};$$

$$T_{2m} = \frac{P_m V_2}{G_{2m} R} = \frac{20,5 \cdot 10^4 \cdot 40}{64,08 \cdot 420,6} = 304,2°\,\text{K}; \quad t_{2m} = 31.2°\,\text{C}.$$

Da es sich um einen adiabatischen Vorgang innerhalb des Systems handelt, bleibt die Entropie im System unverändert. Im übrigen kann $G_i R$ auch durch $P_i V_i / T_i$ ersetzt und der Umweg über die Gewichtsberechnung gespart werden. Da beide Ausdrücke unabhängig von R, also der Art des Gases sind, ergeben sich dieselben Werte für P_m, T_m und ΔS, gleichgültig, welcher Art das Gas ist.

Aufgabe 64. Im Zylinder eines Druckluftmotors herrschen 2 at Überdruck und $-30°$ C in dem Augenblick, bevor das Auslaßventil öffnet. Unmittelbar nach dem Öffnen geht der Druck im Zylinder und im Auslaßkanal auf 1 at abs herunter. Welche Temperatur stellt sich bei adiabatischem Vorgang ein?

$$p_1 = 3 \text{ at abs}; \quad t_1 = -30° \text{ C}; \quad p_2 = 1 \text{ at abs.}$$

$$q_{12} = u_2 - u_1 + A l_{12} = 0; \quad u_2 - u_1 + A P_2 (v_2 - v_1) = 0;$$

$$u_2 + A P_2 v_2 - u_1 - A P_1 v_1 + A P_1 v_1 - A P_2 v_1 = 0;$$

$$i_2 - i_1 - A v_1 (P_2 - P_1) = 0; \quad c_p(T_1 - T_2) = A R T_1 \frac{p_1 - p_2}{p_1};$$

$$\text{mit} \quad c_p - c_v = A R \quad \text{und} \quad 1 - \frac{1}{\varkappa} = \frac{A R}{c_p} = \frac{\varkappa-1}{\varkappa} \quad \text{folgt}$$

$$T_1 - T_2 = \frac{\varkappa-1}{\varkappa} T_1 \frac{p_1 - p_2}{p_1} = 0.286 \cdot 243\,\frac{2}{3} = 46,3°;$$

$$T_2 = 243 - 46,3 = 196,7°\,\text{K}; \quad t_2 = -76,3°\,\text{C}.$$

Aufgabe 65. Der Schlauch eines Autoreifens enthält Luft von 1,4 at Überdruck und 30° C. Er wird mittels Preßluft aus einem Behälter von 4 at Überdruck und 30° C aufgefüllt, bis der Druck auf 1,9 at Überdruck angestiegen ist. Welches ist die Mischungstemperatur bei adiabatischem Vorgang? Die Ausdehnung des Schlauches sei vernachlässigt. $U_1 - U_2 = A L_{12}$; Schlauchfüllung vor Aufpumpen Zeiger *1*, nach Aufpumpen Zeiger *2*; Zusatzluft Zeiger z; $t_1 = t_z$.

$$G_1 c_v t_1 + G_z c_v t_1 - (G_1 + G_z) c_v t_2 = -A P_z V_z = -A G_z R T_1; \quad \text{mit}$$

$A R/c_v = \varkappa - 1$ folgt:

$$T_2 - T_1 = (\varkappa - 1) \frac{G_z}{G_1 + G_z} T_1 = (\varkappa - 1) \left(1 - \frac{G_1}{G_1 + G_z}\right) T_1.$$

Es ist $P_1 V_1 = G_1 R T_1$ und $P_2 V_1 = (G_1 + G_z) R T_2$, also

$$\frac{P_1}{P_2} = \frac{G_1}{G_1 + G_z}\, \frac{T_1}{T_2}$$

und

$$T_2 - T_1 = (\varkappa - 1)\left(1 - \frac{p_1}{p_2}\, \frac{T_2}{T_1}\right) T_1;$$

$$T_2\left[1 + (\varkappa - 1)\frac{p_1}{p_2}\right] = \varkappa\, T_1;$$

$$T_2 = T_1 \frac{\varkappa}{1 + (\varkappa - 1)\,(p_1/p_2)} = 303\, \frac{1,4}{1 + 0,4\,(2,4/2,9)} = 318,7\,^\circ\mathrm{K};$$

$$t_2 = 45,7\,^\circ\mathrm{C}; \quad \varDelta t = t_2 - t_1 = 15,7\,^\circ.$$

Aufgabe 66. Auf ein Preßluftnetz von 6,0 at Überdruck arbeiten drei Turbokompressoren, und zwar einer mit 8000 Nm³/h bei durchschnittlich 140° C, einer mit 20000 Nm³/h und 81° C und einer mit 40000 Nm³/h und 82° C. Wie groß ist die Mischungstemperatur t_m der Luftströme und ihre Entropieänderung? Wärmeaustausch mit der Umgebung sei ausgeschlossen. Wieviel m³/h an Luft gehen ins Netz?

$$G_1 c_p\, (t_m - t_1) + G_2 c_p (t_m - t_2) + \cdots = 0;$$

$$t_m = \frac{G_1 t_1 + G_2 t_2 + \cdots}{G_1 + G_2 + \cdots} = \frac{V_{N1} t_1 + V_{N2} t_2 + \cdots}{V_{N1} + V_{N2} + \cdots}$$

wegen $V_N = 0,0264\, G R$, also $G = \mathrm{konst}\, V_N$.

$$t_m = \frac{8000 \cdot 140 + 20000 \cdot 81 + 40000 \cdot 82}{8000 + 20000 + 40000} = 88,53\,^\circ\mathrm{C}.$$

Entropieänderungen:

$$\varDelta S_1 = \frac{V_{N1}}{0,0264\, R}\, c_p \ln \frac{T_1}{T_m}$$

$$= -330,3 \;\mathrm{kcal/h \cdot Grad};$$

$$\varDelta S_2 = +130,7$$

und

$$\varDelta S_3 = +226,3 \;\mathrm{kcal/h \cdot Grad};$$

$$\varDelta S = \varDelta S_2 + \varDelta S_3 + \varDelta S_1$$

$$= +26,7 \;\mathrm{kcal/h \cdot Grad}.$$

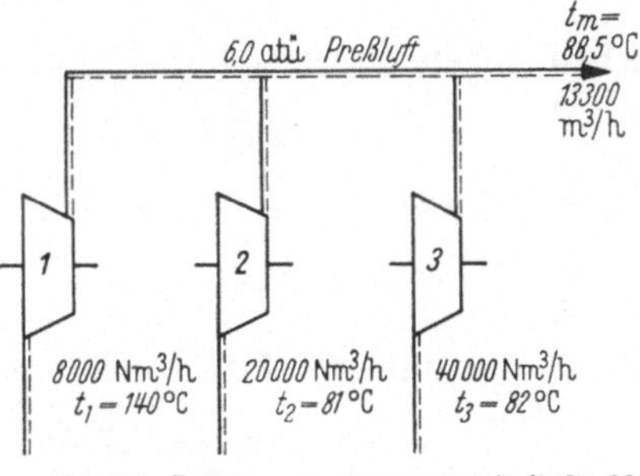

Abb. 14. Leitungsanordnung zu Aufgabe 66.

Abgehende Luftmenge:

$$V = \frac{G R T_m}{P} = \frac{V_{N1} + V_{N2} + V_{N3}}{0,0264}\, \frac{T_m}{P} = \frac{68000}{0,0264}\, \frac{361,5}{7 \cdot 10^4}$$

$V = 13300$ m³/h. Prinzipskizze siehe Abb. 14.

Aufgabe 67. Welche Arbeit ist zu leisten, um die Luft in den Halbkugeln von 1 m lichtem Durchmesser (Aufgabe 9) von 1 at abs auf 0,1 at abs in isothermischem Vorgang zu bringen?

Man kann sich vorstellen, daß der Zylinder einer Luftpumpe so groß ist, daß die Luft schon bei einem Saughub von $p_1 = 1$ at abs bis auf $p_2 = 0,1$ at abs expandiert. Dann denkt man sich die Verbindung zwischen Kugel und Zylinder abgesperrt und den Zylinderinhalt wieder auf $p_1 = 1$ at abs verdichtet.

Nach Abb. 15 ist

$$P_1 V_1 = P_2 V_2$$

und

$$P_3 V_3 = P_4 V_4$$

sowie

$$V_2 = \frac{P_1}{P_2}\, V_1 ;$$

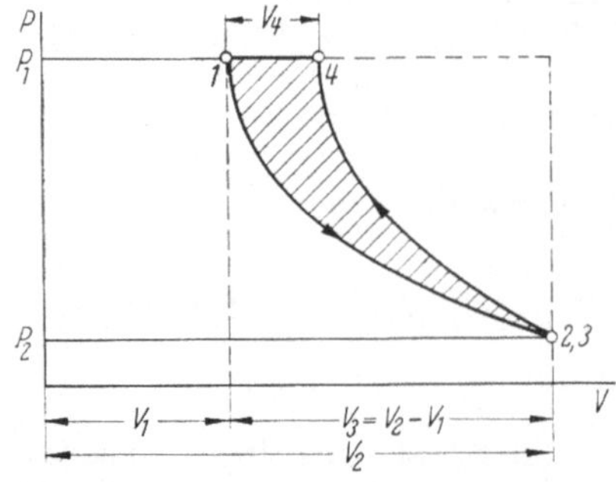

Abb. 15. P,V-Diagramm zu Aufgabe 67.

$$P_3 = P_2; \quad V_3 = V_2 - V_1 = V_1\left(\frac{P_1}{P_2} - 1\right); \quad P_4 = P_1$$

und

$$V_4 = V_3 \frac{P_2}{P_1} = V_1\left(\frac{P_1}{P_2} - 1\right)\frac{P_2}{P_1} = V_1\left(1 - \frac{P_2}{P_1}\right);$$

$$V_1 = \frac{\pi}{6}\, d^3 = 0,5236 \text{ m}^3.$$

Es sind folgende Arbeiten zu leisten ($+$ Arbeitsgewinn, $-$ Arbeitsaufwand):

Ausdehnungsarbeit *1* bis *2*:

$$+ P_1 V_1 \ln \frac{P_1}{P_2}.$$

Arbeit gegen äußeren Luftdruck *1* bis *2*:

$$- P_1(V_2 - V_1) = - P_1 V_1\left(\frac{P_1}{P_2} - 1\right),$$

Verdichtungsarbeit *3* bis *4*:

$$- P_2 V_3 \ln \frac{P_1}{P_2} = - P_2 V_1\left(\frac{P_1}{P_2} - 1\right)\ln \frac{P_1}{P_2},$$

Arbeit des äußeren Luftdruckes *3* bis *4*:

$$+ P_1(V_3 - V_4) = P_1 V_1\left(\frac{P_1}{P_2} - 2 + \frac{P_2}{P_1}\right);$$

zusammen:

$$L = P_1 V_1 \ln \frac{P_1}{P_2} - P_1 V_1\left(\frac{P_1}{P_2} - 1\right) - P_1 V_1 \ln \frac{P_1}{P_2} + P_2 V_1 \ln \frac{P_1}{P_2} +$$

$$+ P_1 V_1\left(\frac{P_1}{P_2} - 2 + \frac{P_2}{P_1}\right) = P_2 V_1 \ln \frac{P_1}{P_2} - P_1 V_1\left(1 - \frac{P_2}{P_1}\right);$$

$$L = P_2 V_1\left(\ln \frac{P_1}{P_2} - \frac{P_1}{P_2} + 1\right) = 0,1 \cdot 10^4 \cdot 0,5236(\ln 10 - 10 + 1)$$

$$= -3507 \text{ mkg}$$

der schraffierten Fläche in Abb. 15 entsprechend.

Aufgabe 68. Ein Preßluftbehälter mit $2\ \mathrm{m^3}$ Inhalt steht unter 120 at abs und 15° C. Er entleert sich allmählich durch eine Undichtheit in die Umgebung (1 at abs, 15° C). Wie groß ist die Entropiezunahme? Welche Arbeit wird geleistet, wenn der Behälter explodiert, und welches ist die niedrigste Temperatur im Behälter, die bei adiabatischem Vorgang auftreten könnte?

Allmähliche Entleerung $i =$ konst., $t =$ konst.;

$$S_1 - S_0 = G\,AR \ln \frac{P_1}{P_0} = \frac{P_1 V}{T_1}\, A \ln \frac{P_1}{P_0}$$

$$= \frac{120 \cdot 10^4 \cdot 2}{288 \cdot 427}\, \ln 120 = 93{,}43\ \mathrm{kcal/Grad}.$$

Plötzliche Entleerung

$$T_2 = T_1 \left(\frac{P_0}{P_1}\right)^{\frac{\varkappa-1}{\varkappa}} = \frac{288}{3{,}93} = 73{,}3°\,\mathrm{K}; \qquad t_2 = -199{,}7°\,\mathrm{C}$$

(falls das allgemeine Gasgesetz bis zu so niedrigen Temperaturen gelten würde) und

$$L_{12} = \int P\, dV = \frac{P_1 V}{\varkappa-1} \left[\left(\frac{P_1}{P_0}\right)^{\frac{\varkappa-1}{\varkappa}} - 1\right] = \frac{120 \cdot 10^4 \cdot 2}{0{,}4} \cdot 2{,}93$$

$$= 17{,}6 \cdot 10^6\ \mathrm{mkg}.$$

Aufgabe 69. Reines Wassergas ist räumlich zur Hälfte aus Wasserstoff und zur Hälfte aus Kohlenoxyd zusammengesetzt. Wie groß ist die Entropiezunahme bei der Diffusion von Wasserstoff und Kohlenoxyd zu Wassergas? Wie groß ist die theoretische Entmischungsarbeit? (Isothermer Vorgang innerhalb des Systems, $T =$ konst. $= 288°$ K, Gesamtdruck $P =$ konst. $= 10^4\ \mathrm{kg/m^2}$. Adiabatischer Vorgang insofern, als das System keine Wärme mit der Umgebung austauschen soll.)

Nach Ablauf der Diffusion kann man sich dem *Dalton*schen Gesetz gemäß vorstellen, daß jedes Gas im Gesamtraum mit einem Teildruck

$$P_1 = P\,\frac{V_1}{V} = \frac{P}{2}; \qquad P_2 = \frac{P}{2}$$

vorhanden ist. Die isothermische Arbeit, die geleistet wird, um vom (gesammelten) Anfangszustand in den (vermischten) Endzustand zu gelangen, ist für jedes Gas

$$L_1 = P V_1 \ln (V/V_1) \quad \text{und} \quad L_2 = P V_2 \ln (V/V_2);$$

die Gesamtarbeit ist

$$L = P(V_1 + V_2) \ln 2 = P V \ln 2 = 0{,}6932\, P V.$$

Bei $V = 1\ \mathrm{m}^3$ und $P = 10^4\ \mathrm{kg/m^2}$ ist $L = 6932\ \mathrm{mkg/m^3}$. Da Wärmezufuhr aus der Umgebung ausgeschlossen ist und ebenfalls keine Arbeit nach außen geleistet wird ($V = \mathrm{konst.}$), ist die Entropiezunahme

$$\varDelta S = \frac{A\,L}{T} = \frac{6932}{427 \cdot 288} = 0{,}0564\ \mathrm{kcal/m^3 \cdot Grad}.$$

Die theoretische Entmischungsarbeit ist $6932\ \mathrm{mkg/m^3}$.

Aufgabe 70. Luft von 4 at abs und -5° C wird auf 2 at abs gedrosselt. Um wieviel verringert sich die technische Arbeitsfähigkeit durch das Drosseln? Der Umgebungszustand ist 15° C und 1 at abs.

$$s_2 - s_1 = A\,R\ln\frac{p_1}{p_2} = \frac{29{,}3}{427}\ln 2 = 0{,}04756\ \mathrm{kcal/kg \cdot Grad};$$

$$i_1 = 0{,}24\,(-5) = -1{,}20\ \mathrm{kcal/kg};$$

$$i_0 = 0{,}24 \cdot 15 = +3{,}60\ \mathrm{kcal/kg};$$

$$s_1 - s_0 = 0{,}24\ln\frac{268}{288} - \frac{29{,}3}{427}\ln 4 = -\,0{,}1124\ \mathrm{kcal/kg \cdot Grad};$$

technische Arbeitsfähigkeit im Zustand *1*:

$$A\,l'_{10} = i_1 - i_0 - T_0(s_1 - s_0) = -1{,}20 - 3{,}60 - 288\,(-0{,}1124)$$
$$= 27{,}60\ \mathrm{kcal/kg}.$$

$$s_2 - s_0 = 0{,}24\ln\frac{268}{288} - \frac{29{,}3}{427}\ln 2 = -\,0{,}0648\ \mathrm{kcal/kg \cdot Grad};$$

technische Arbeitsfähigkeit im Zustand *2*:

$$A\,l'_{20} = -1{,}20 - 3{,}60 - 288\,(-0{,}0648) = 13{,}87\ \mathrm{kcal/kg}.$$

Verlust an technischer Arbeitsfähigkeit

$$\varDelta A\,l' = 27{,}60 - 13{,}87 = 13{,}73\ \mathrm{kcal/kg}\ \text{oder}\ 5863\ \mathrm{mkg/kg};$$

Entropiezunahme

$$\varDelta s = \frac{\varDelta A\,l'}{T_0} = \frac{13{,}73}{288} = 0{,}04\,756\ \mathrm{kcal/kg \cdot Grad}$$

wie oben.

IV. Kreisprozesse vollkommener Gase.

Aufgabe 71. Eine Wärmekraftmaschine arbeitet mit einem vollkommenen Gas nach einem Prozeß wie Abb. 16. Wie groß sind Arbeitsgewinn und Wärmeaufwand je Spiel? Wie groß ist die Leistung der Maschine, wenn 300 Spiele je Minute ausgeführt werden?

Fläche im p, V-Diagramm $23{,}83\ \mathrm{cm}^2$;

Arbeit $L = 23.83 \cdot 2 \cdot 10^4 \cdot 1 \cdot 10^{-3} = 476{,}60\ \mathrm{mkg/Spiel}$

mit $1\ \mathrm{cm} \mathrel{\widehat{=}} 2 \cdot 10^4\ \mathrm{kg/m^2}$ und $1\ \mathrm{cm} \mathrel{\widehat{=}} 1 \cdot 10^{-3}\ \mathrm{m}^3$.

Wärmeaufwand $=$ Wärmezufuhr Q_1 weniger Wärmeabfuhr Q_2

$$= A L = 476{,}60/427 = 1{,}116 \text{ kcal/Spiel};$$

oder $\qquad N = 476{,}60 \cdot 300/60 = 2383 \text{ mkg/s}$

$$N = 2383/75 = 31{,}77 \text{ PS} \quad \text{oder} \quad N = 2383/102 = 23{,}36 \text{ kW}.$$

Aufgabe 72. Eine Wärmekraftmaschine arbeitet derart, daß ein 2 atomiges Gas mit spezifischer Wärme $c_p = 0{,}25$ kcal/kg $\cdot$ Grad und Gaskonstante $R = 30$ m/Grad zunächst adiabatisch von 1,5 at abs, 20° C bis auf 30 at abs verdichtet wird. Dann dehnt sich das Gas bei unveränderlichem Druck bis auf den doppelten Raum aus, um dann isothermisch bis auf das Anfangsvolumen zu expandieren. Schließlich geht das Gas bei gleichbleibendem Volumen wieder auf den Anfangsdruck von 1,5 at abs über. Der Prozeß ist im p, v- und im T, s-Diagramm darzustellen. Welche Arbeit wird je kg Gas geleistet und welche Wärmemengen sind dabei zu- und

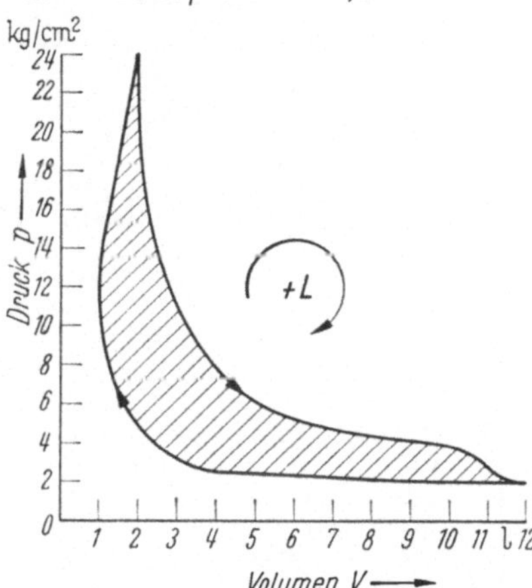

Abb. 16. p, V-Diagramm zum Kreisprozeß Aufgabe 71. Schraffierte Fläche 23,83 cm².
Maßstäbe:

Abszisse $\qquad$ 1 cm $\triangleq$ 1 $\cdot$ 10⁻³ m³,

Ordinate $\qquad$ 1 cm $\triangleq$ 2 kg/cm².

abzuführen? Wie groß muß die Spielzahl je Minute sein, wenn das Hubvolumen $V_1 = V_4 = 5\,l$ ist und 100 PS geleistet werden sollen? Wie groß ist der thermische Wirkungsgrad des Kreisprozesses und wie groß wäre dieser bei einem *Carnot*schen Prozeß im gleichen Temperaturbereich?

Zustandsgrößen :

$$P_1 = 15000 \text{ kg/m}^2; \quad T_1 = 293° \text{ K};$$

$$v_1 = \frac{R\,T_1}{P_1} = \frac{30 \cdot 293}{15000} = 0{,}5860 \text{ m}^3/\text{kg};$$

$P_2 = 30 \cdot 10^4$ kg/m² und wird adiabatisch erreicht, $P_2/P_1 = 20$;

$$v_2 = v_1 \left(\frac{P_1}{P_2}\right)^{\frac{1}{\varkappa}} = \frac{0{,}5860}{8{,}498} = 0{,}0690 \text{ m}^3/\text{kg};$$

$$T_2 = T_1 \left(\frac{P_2}{P_1}\right)^{\frac{\varkappa-1}{\varkappa}} = 293 \cdot 2{,}354 = 689{,}7° \text{ K};$$

$$s_2 = s_1 = 1{,}000 \; (s_1 \text{ angenommen } 1{,}000)$$

$$P_3 = P_2 = 30 \cdot 10^4 \text{ kg/m}^2; \quad v_3 = 2v_2 = 0{,}1380 \text{ m}^3/\text{kg}; \quad v/T = \text{konst};$$

$$T_3 = T_2 \frac{v_3}{v_2} = 2\,T_2 = 1379{,}4\,^\circ\mathrm{K}\,;$$

$$s_3 - s_2 = c_p \ln \frac{v_3}{v_2} = 0{,}25 \cdot 0{,}6932 = 0{,}1733\ \mathrm{kcal/kg \cdot Grad}\,;$$

$$T_4 = T_3 = 1379{,}4^\circ\,\mathrm{K}\,;\quad P\,v = \mathrm{konst.}\,;\quad v_4 = v_1 = 0{,}5860\ \mathrm{m^3/kg}\,;$$

$$P_4 = P_3 \frac{v_3}{v_4} = 30 \cdot 10^4\,\frac{0{,}1380}{0{,}5860} = 70\,620\ \mathrm{kg/m^2}\,;$$

$$s_4 - s_3 = A\,R\ln\frac{v_4}{v_3} = \frac{30}{427}\,2{,}303\,\lg\frac{0{,}5860}{0{,}1380} = 0{,}1016\ \mathrm{kcal/kg \cdot Grad}.$$

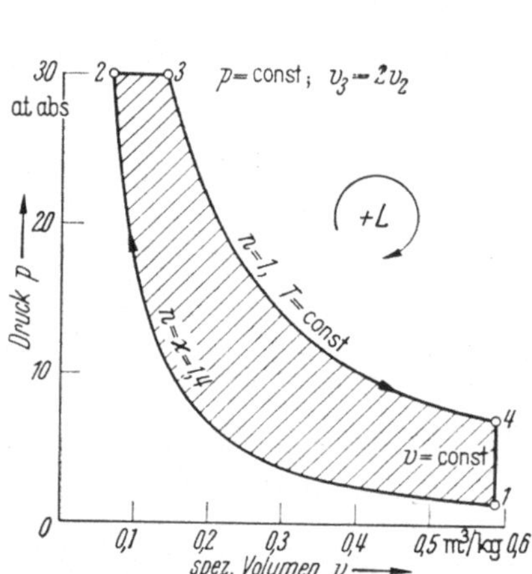

Abb. 17. p,v-Diagramm zu Aufgabe 72,
Schraffierte Fläche 40,66 cm². Maßstab:
Abszisse
      1 cm ≙ 0,05 m³/kg,
Ordinate
      1 cm ≙ 2,5 kg/cm².
Arbeit:
$$l = 40{,}66 \cdot 0{,}05 \cdot 2{,}5 \cdot 10^4$$
$$= 50\,800\ \mathrm{mkg/kg}.$$

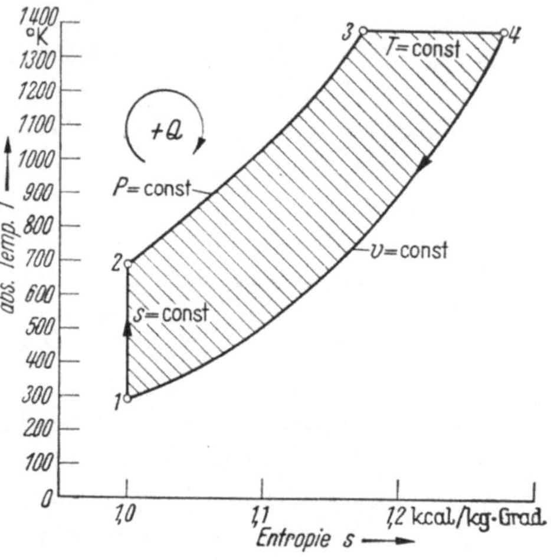

Abb. 18. T,s-Diagramm zu Abb. 17, Aufgabe 72,
Schraffierte Fläche 48,70 cm². Maßstäbe:
Abszisse
      1 cm ≙ 0,025 kcal/kg · Grad,
Ordinate
      1 cm ≙ 100 Grad.
Wärmemenge
$$q = 48{,}70 \cdot 0{,}025 \cdot 100$$
$$= 121{,}7\ \mathrm{kcal/kg}.$$

Arbeit:

$$l_{12} = \frac{P_1 v_1}{\varkappa - 1}\left[1 - \frac{T_2}{T_1}\right] = \frac{15\,000 \cdot 0{,}5860}{0{,}4}\,(1 - 2{,}354) = -29\,750\ \mathrm{mkg/kg}\,;$$

$$l_{23} = P_{23}(v_3 - v_2) = 30 \cdot 10^4 \cdot 0{,}0690 = +20\,700\ \mathrm{mkg/kg}\,;$$

$$l_{34} = P_3\,v_3 \ln\frac{p_3}{p_4} = 30 \cdot 10^4 \cdot 0{,}1380 \cdot 2{,}303\,\lg\frac{30}{7{,}062} = +59\,880\ \mathrm{mkg/kg}\,;$$

$$l_{41} = 0\,;$$

$$l = \sum l_{ii} = +50\,830\ \mathrm{mkg/kg}\,;$$

$$q = A\,l = 50\,830/427 = 121{,}7\ \mathrm{kcal/kg}.$$

Wärmeaustausch:

$$q_{12} = 0;$$

$$q_{23} = c_p\,(T_3 - T_2) = 0{,}25 \cdot 689{,}7 = +172{,}4\ \text{kcal/kg};$$

$$q_{34} = A\,l_{34} = 59\,880/427 \qquad\qquad = +140{,}2\ \text{kcal/kg};$$

$$q_{41} = \frac{A\,v_{41}}{\varkappa - 1}\,(P_1 - P_4) = \frac{0{,}5860}{427 \cdot 0{,}4}\,(1{,}50 - 7{,}06)\,10^4 = -190{,}9\ \text{kcal/kg};$$

$$q \quad = \sum q_{ii} = 121{,}7\ \text{kcal/kg}.$$

Darstellung der Diagramme siehe Abb. 17 und 18.

$$0{,}5860\ \text{m}^3 \triangleq 1\ \text{kg}\ \text{im Zustand 1},$$

$$0{,}005\ \ \text{m}^3 \triangleq 0{,}005/0{,}586 = 0{,}008\,53\ \text{kg}\ \text{je Spiel};$$

Arbeitsgewinn $L = 0{,}008\,53 \cdot 50\,830 = 335{,}8\ \text{mkg/Spiel};$

$$N = 100\ \text{PS}; \qquad n = \frac{100 \cdot 60 \cdot 75}{335{,}8} = 1340\ \text{U/min}.$$

Wirkungsgrad:

$$\eta_{\text{th}} = \frac{A\,l}{q_1} = \frac{121{,}7}{172{,}4 + 140{,}2} = 0{,}389;$$

beim *Carnot*schen Prozeß zwischen $T_{\max} = T_3 = 1379{,}4^\circ\ \text{K}$ und $T_{\min} = T_1 = 293^\circ\ \text{K}$:

$$\eta_{\text{th}} = \frac{T_3 - T_1}{T_3} = 0{,}788\,.$$

Aufgabe 73. Wie groß sind Arbeitsgewinn und Wärmeaustausch sowie thermischer Wirkungsgrad bei einem Prozeß nach Abb. 19? Welche Beziehung besteht zwischen den Temperaturen und Volumina an den Punkten *1* bis *4*?

Mit $I = U + A\,P\,V$ folgt

$$A\,L_{12} = A\,P_0\,(V_2 - V_1);$$
$$A\,L_{23} = U_2 - U_3;$$
$$A\,L_{34} = A\,P\,(V_4 - V_3);$$
$$A\,L_{41} = U_4 - U_1.$$

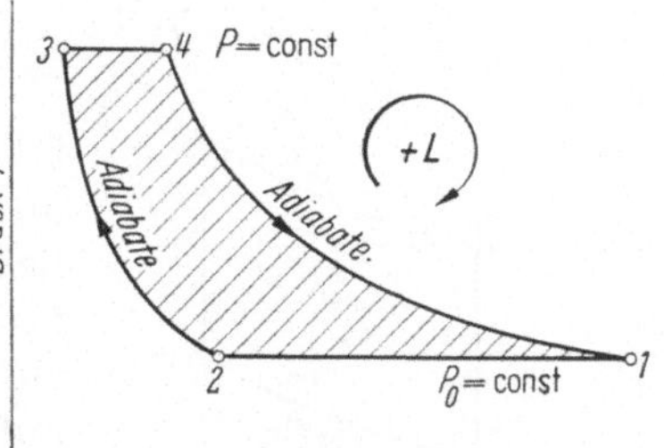

Abb. 19. P, V-Diagramm zum Kreisprozeß Aufgabe 73. Vergleichsprozeß für Kompressoren und Dampfmaschinen.

$$A\,L = \sum A\,L_{ii} = U_4 - U_1 + A\,P\,V_4 - A\,P_0\,V_1 - (U_3 - U_2 + A\,P\,V_3 - $$
$$-A\,P_0\,V_2) = I_4 - I_1 - (I_3 - I_2);$$

Wärmeentzug $\quad Q_{12} = I_2 - I_1;$

Wärmezufuhr $\quad Q_{34} = I_4 - I_3;$

thermischer Wirkungsgrad:

$$\eta_{\mathrm{th}} = \frac{AL}{Q_{34}} = \frac{I_4 - I_3 + I_2 - I_1}{I_4 - I_3} = 1 + \frac{I_2 - I_1}{I_4 - I_3}.$$

Es ist

$$\frac{V_1}{V_2} = \frac{T_1}{T_2} \quad \text{und} \quad \frac{V_4}{V_3} = \frac{T_4}{T_3}$$

und

$$\frac{P}{P_0} = \left(\frac{V_2}{V_3}\right)^{\varkappa} = \left(\frac{V_1}{V_4}\right)^{\varkappa};$$

und

$$\left(\frac{P}{P_0}\right)^{\frac{\varkappa-1}{\varkappa}} = \left(\frac{V_2}{V_3}\right)^{\varkappa-1} = \left(\frac{V_1}{V_4}\right)^{\varkappa-1} = \frac{T_3}{T_2} = \frac{T_4}{T_1},$$

also

$$\frac{T_4}{T_3} = \frac{T_1}{T_2} = \frac{V_1}{V_2} = \frac{V_4}{V_3},$$

woraus folgt mit $I = \text{konst. } t$

$$\eta_{\mathrm{th}} = 1 + \frac{T_2 - T_1}{T_4 - T_3} = 1 - \frac{T_1}{T_4}\,\frac{1 - (T_2/T_1)}{1 - (T_3/T_4)} = 1 - \frac{T_1}{T_4} = 1 - \left(\frac{P_0}{P}\right)^{\frac{\varkappa-1}{\varkappa}}.$$

Welche Beziehung besteht für die Leistungsziffer ε, wenn der Prozeß entgegen dem Uhrzeigersinn durchlaufen wird?

$$\varepsilon = \frac{Q_{21}}{AL} = \frac{c_p(T_1 - T_2)}{c_p(T_4 - T_1 - T_3 + T_2)} = \frac{T_1\left(1 - \dfrac{T_2}{T_1}\right)}{T_4\left(1 - \dfrac{T_3}{T_4}\right) - T_1\left(1 - \dfrac{T_2}{T_1}\right)}$$

$$= \frac{T_1}{T_4 - T_1} = \frac{1}{\left(\dfrac{P}{P_0}\right)^{\frac{\varkappa-1}{\varkappa}} - 1}.$$

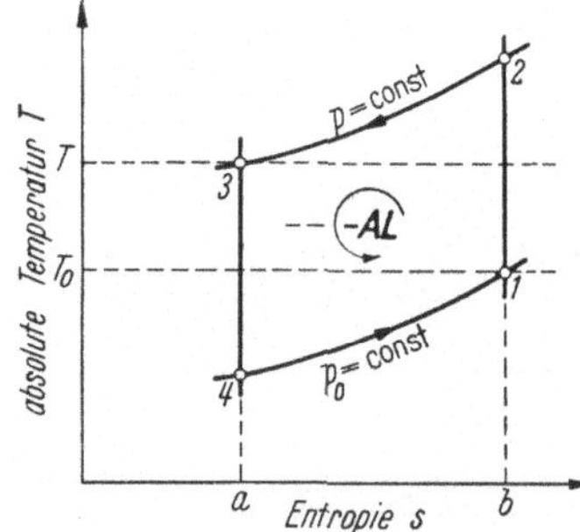

Abb. 20. Zu Aufgabe 74. Theoretischer Prozeß einer Kaltluftmaschine bei isobarischem Wärmeaustausch.

Aufgabe 74. Eine Kaltluftmaschine arbeitet nach einem Prozeß zwischen 2 Isobaren und 2 Adiabaten wie Abb. 20 und soll stündlich $Q_0 = 20000$ kcal von $t_0 = -5°$ C auf $t = +30°$ C heben. Wie groß sind Leistungsziffer, umlaufende Luftmenge und Arbeitsaufwand beim theoretischen Prozeß, wenn die obere Druckhaltung p zu 200 at abs und die untere p_0 zu 50 at abs gewählt wird? Wie groß wäre die Leistungsziffer bei einem *Carnot*schen Prozeß? Wie groß sind die Hauptabmessungen einer wirklichen Maschine zu wählen? (Siehe hierzu Aufgabe 73.)

$$\left(\frac{p}{p_0}\right)^{\frac{\varkappa-1}{\varkappa}} = a = \frac{T_2}{T_1} = \frac{T_3}{T_4}; \qquad T_1 = T_0; \qquad T_3 = T; \qquad T_2 = T_0\,a;$$

$T_4 = T/a$; siehe hierzu Abb. 20.

Wärmeaufnahme $Q_0 = G c_p (T_0 - T/a)$ ...... Fläche $41ba4$

Wärmeabfuhr $\quad Q = G c_p (T_0 a - T)$ ...... Fläche $23ab2$

Leistungsziffer:

$$\varepsilon = \frac{Q_0}{Q - Q_0} = \frac{T_0 - T/a}{T_0 a - T - (T_0 - T/a)} = \frac{1}{a - 1};$$

$$a = \left(\frac{200}{50}\right)^{0,286} = 1,487; \quad \varepsilon = \frac{1}{0,487} = 2,053;$$

$$\varepsilon_{\text{Carnot}} = \frac{T_0}{T - T_0} = \frac{268}{35} = 7,66;$$

Wirkungsgrad:

$$\frac{\varepsilon}{\varepsilon_{\text{Carnot}}} \, 100 = \frac{2,053}{7,66} \, 100 = 26,8 \, \text{vH}:$$

spezifische Kälteleistung $K = 860 \, c = 860 \cdot 2,053 = 1766 \, \text{kcal/kWh}$;

höchste Temperatur $T_2 = T_0 \, a = 268 \cdot 1,487 = 398,5° \, \text{K}$;

tiefste Temperatur $T_4 = T/a = 303/1,487 = 203,8° \, \text{K}$;

$$t_2 = 125,5° \, \text{C}; \quad t_4 = -69,2° \, \text{C}.$$

Wärme wird nur auf dem Wege von 4 nach 1 aufgenommen. 1 kg Luft kann die Wärmemenge

$$q_0 = c_p (T_0 - T/a) = 0,24 \cdot (268 - 203,8) = 15,41 \, \text{kcal/kg}$$

aufnehmen. Stündliche Luftmenge

$$G = Q_0/q_0 = 20\,000/15,41 = 1300 \, \text{kg/h}.$$

Arbeit:

$$A l = i_2 - i_1 - (i_3 - i_4) = 0,24 \, [t_2 - t_0 - (t - t_4)]$$
$$= 0,24 \cdot (130,5 - 99,2) = 7,51 \, \text{kcal/kg}.$$

Wärmeabfuhr:

$$Q = Q_0 + A L = 20\,000 + 1300 \cdot 7,51 = 29\,760 \, \text{kcal/h}.$$

Antriebsleistung des Kompressors (von 1 nach 2)

$$A L_K' = I_2 - I_1 = G c_p (T_2 - T_0) = 1300 \cdot 0,24 \cdot 130,5 = 40\,710 \, \text{kcal/h};$$
$$N_K = 40\,710/860 = 47,34 \, \text{kW};$$

Leistung des Motors (von 3 nach 4)

$$A L_M' = I_3 - I_4^r = G c_p (T - T_4) = 1300 \cdot 0,24 \cdot 99,2 = 30\,950 \, \text{kcal/h};$$
$$N_M = 30\,950/860 = 36,00 \, \text{kW};$$

gesamte Antriebsleistung $N = N_K - N_M = 47,34 - 36,00 = 11,34 \, \text{kW}.$

Man erhält dieses Ergebnis auch über

$$N = \frac{AL}{860} = 1300\,\frac{7{,}51}{860} = 11{,}34\ \text{kW}$$

oder

$$N = Q_0/K = 20\,000/1766 = 11{,}34\ \text{kW}.$$

Das Ansaugevolumen des Kompressors ist

$$V_1 = G\,R(T_0/P_0) = 1300 \cdot 29{,}3 \cdot 268/50 \cdot 10^4 = 20{,}40\ \text{m}^3/\text{h}\,;$$

das Hubvolumen des Motors ist

$$V_4 = G\,R(T_4/P_0) = 1300 \cdot 29{,}3 \cdot 203{,}8/50 \cdot 10^4 = 15{,}52\ \text{m}^3/\text{h}\,;$$

Verhältnis der Hubvolumen der Zylinder

$$V_4/V_1 = T_4/T_0 = T/T_0\,a = T/T_2 = 303/398{,}5 = 0{,}760\,.$$

In Wirklichkeit ist $t_3 > t$ und $t_1 < t_0$. Dazu treten Verluste durch Wärmeeinstrahlung in alle kalten Teile. Tatsächlich ist

$$K_i \approx 0{,}4\,K = 0{,}4 \cdot 1766 = 700\ \text{kcal/kWh}.$$

Effektiv ist wegen der mechanischen Verluste

$$K_e \approx 0{,}5\,K_i = 350\ \text{kcal/kWh}.$$

Dadurch ist die $K/K_i \approx 1/0{,}4 = 2{,}5$fache Luftmenge nötig.

$$G = 2{,}5 \cdot 1300 = 3250\ \text{kg/h}\,; \qquad V_1 = 51{,}0\ \text{m}^3/\text{h}\,; \qquad V_4 = 38{,}8\ \text{m}^3/\text{h}.$$

Bei 100 U/min und 92 vH Liefergrad ist
Hubvolumen Kompressor

$$\frac{51{,}0}{60 \cdot 100 \cdot 0{,}92} = 0{,}009\,24\ \text{m}^3\,;$$

bei Hub : Durchmesser $= s : d = 1$ ist

$$\frac{\pi}{4}\,d^2\,s = 0.009\,24\,; \qquad d^3 = \frac{4}{\pi}\,0{,}009\,24\,; \qquad d = 0.227\ \text{m}\,;$$

gewählt $d = 0{,}220$ m, $s = 0{,}243$ m $\approx 0{,}250$ m.
Hubvolumen Motor

$$\frac{38{,}8}{60 \cdot 100 \cdot 0{,}92} = 0{,}007\,03\ \text{m}^3\,;$$

$$\frac{\pi}{4}\,D^2\,s = 0{,}007\,03\,; \qquad D^2 = \frac{4}{\pi}\,\frac{0{,}007\,03}{0{,}250} = 0{,}0358\,;$$

$$D = 0{,}189\ \text{m} \approx 0{,}190\ \text{m}.$$

Aufgabe 75. Wie ist das Ergebnis, wenn p zu 75 at abs gewählt wird?

$$\left(\frac{p}{p_0}\right)_{\min} = \left(\frac{T}{T_0}\right)^{\frac{\varkappa}{\varkappa-1}} = \left(\frac{303}{268}\right)^{3{,}5} = 1{,}537\,;$$

$$p_{\min} = 1{,}537\,p_0 = 50 \cdot 1{,}537 = 76{,}85\ \text{at abs,}$$

$p = 75$ at abs ist zu wenig, p muß mindestens 76,85 at abs sein. Dabei wird die umlaufende Luftmenge als Grenzfall aber unendlich groß, p ist also $> p_{\min}$ zu halten.

$$a_{\min} = 1,537^{0,286} = \frac{303}{268} = 1,13 \, .$$

Wählt man z. B. 90 und 50 at abs, so ist $a = 1,183$ und $\varepsilon = 1/0,183 = 5,46$. Die umlaufende Luftmenge ist dann

$$G = \frac{Q_0}{q_0} = \frac{Q_0}{c_p(T_0 - T/a)} = \frac{20\,000}{0,24\,(268 - 303/1,183)} - 7000 \text{ kg/h} \, .$$

Man erhält größere Abmessungen als nach Aufgabe 74, aber nur

$$N = \frac{Q_0}{860\,\varepsilon} = \frac{20\,000}{860 \cdot 5,46} = 4,26 \text{ kW}$$

an Antriebsleistung.

Aufgabe 76. Ein Gebäude soll mittels Luftwärmepumpe (Schema siehe Abb. 21) beheizt werden. Wärmebedarf 120 000 kcal/h, Raumwärme $t = +25°$ C, geringste Außentemperatur $t_0 = -10°$ C. Wie groß ist die Heizleistung, die spezifische Heizleistung und der spezifische Arbeitsaufwand und die Leistungsziffer der Wärmepumpe? Wie groß wäre sie bei einem *Carnot*schen Prozeß? Das Verdichtungsverhältnis ist $p/p_0 = 3$ zu wählen.

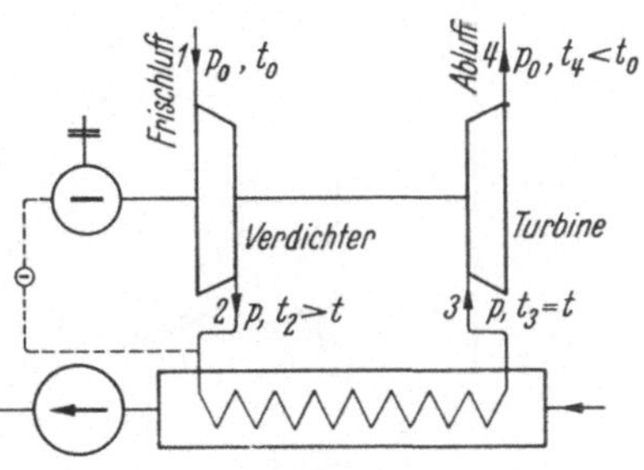

Abb. 21. Schema einer Luftwärmepumpenanlage zu Aufgabe 76. Siehe hierzu auch Abb. 20. Die Luft im Gebäude (Raumluft) wird durch den Wärmeaustauscher gesogen, wobei sie von der verdichteten Luft der Wärmepumpe aufgeheizt wird.

$$\left(\frac{p}{p_0}\right)_{\min} = \left(\frac{T}{T_0}\right)^{3,5} = \left(\frac{298}{263}\right)^{3,5} = 1,549 < 3 \, .$$

Bei $p/p_0 = 3$ ist $a = 3^{0,286} = 1,369$. Die Leistungsziffer ist

$$\varepsilon = \frac{q}{A\,l} = \frac{T_2 - T}{T_2 - T - (T_0 - T_4)} = \frac{1}{1 - 1/a} = \frac{a}{a - 1} = 3,71$$

kcal Heizleistung je kcal aufgewandte Arbeit.

Spez. Heizleistung $H = 860\,\varepsilon = 860 \cdot 3,71 = 3190$ kcal/kWh;

spez. Arbeit $A\,l = 1/3,71 = 0,270$ kcal/kcal Heizleistung;

Heizleistung $q = c_p(T_0\,a - T) = 0,24\,(263 \cdot 1,369 - 298)$
$\qquad\qquad = 14,9$ kcal/kg;

stündliche Luftmenge $G = 120\,000/14,9 = 8050$ kg oder

Ansaugevolumen $V_1 = 8050 \cdot 29,3 \cdot 263/10\,000 = 6200$ m³/h.

Bemessung des Kreiselverdichters für 104 m³/min. Die Luftturbine ist für ein Eintrittsvolumen von

$$V_3 = \frac{8050 \cdot 29,3 \cdot 298}{30\,000 \cdot 60} = 39,1 \text{ m}^3/\text{min}$$

bei $p = 3$ at abs zu bemessen. Praktisch sind 50 bis 70 vH der theoretischen Heizleistung der Wärmepumpe zu erreichen, also

$$H_e = (0,5 \text{ bis } 0,7)\,H = 1600 \text{ bis } 2200 \text{ kcal/kWh}.$$

Aufgabe 77. Eine Wärmekraftmaschine arbeitet mit einem vollkommenen Gas ($\varkappa = 1,4$) nach einem Prozeß wie Abb. 22 (theoretischer Gasmaschinenprozeß). Wie groß ist der thermische Wirkungsgrad bei einem Anfangszustand von $p_1 = 1$ at abs und $t_1 = 20°$ C und einem Verdichtungsverhältnis von $V_2 : V_1 = 1 : 4$, wenn die Ladung $Q_1 = 20$ kcal/Spiel beträgt? Wie groß ist die Wärmeabfuhr Q_2? Wie groß ist die theoretische Leistung der Maschine bei 300 Spielen je Minute? (Siehe hierzu auch Beispiel 150 S. 113.)

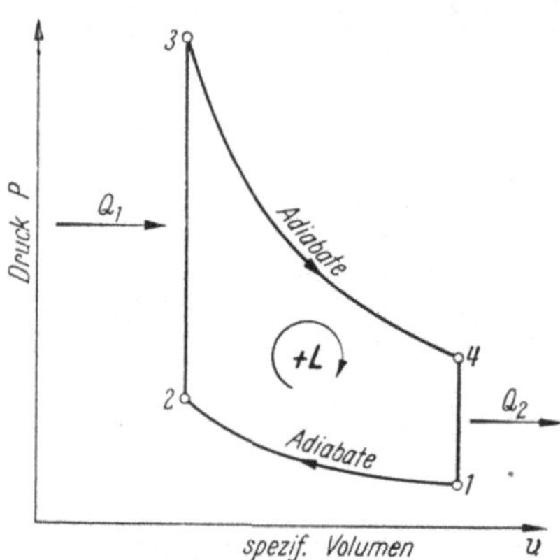

Abb. 22. Zu Aufgabe 77. Idealer Vergleichsprozeß für das Verpuffungsverfahren (Gaskolbenmaschine).

Es ist

bei

$$\frac{T_2}{T_3} = \frac{P_2}{P_3} = \frac{T_1}{T_4} = \frac{P_1}{P_4}.$$

$$\frac{V_4}{V_3} = \frac{V_1}{V_2}$$

und

$$\frac{T_3}{T_4} = \left(\frac{P_3}{P_4}\right)^{\frac{\varkappa-1}{\varkappa}} = \frac{T_2}{T_1} = \left(\frac{P_2}{P_1}\right)^{\frac{\varkappa-1}{\varkappa}}.$$

Arbeit wird nur bei den adiabatischen Zustandsänderungen geleistet. Es ist

$$L_{12} = P_1 V_1 \frac{1}{\varkappa-1}\left[1 - \frac{T_2}{T_1}\right] \quad \text{negativ, Arbeitsaufwand};$$

$$L_{34} = P_4 V_4 \frac{1}{\varkappa-1}\left[\frac{T_3}{T_4} - 1\right] \quad \text{positiv, Arbeitsleistung};$$

Arbeit:

$$L = \frac{V_1}{\varkappa-1}\left\{P_1\left[1 - \frac{T_2}{T_1}\right] + P_4\left[\frac{T_3}{T_4} - 1\right]\right\}; \quad \frac{T_2}{T_1} = \frac{T_3}{T_4};$$

$$L = \frac{P_1 V_1}{\varkappa-1}\left\{\left[\frac{T_2}{T_1} - 1\right]\left(\frac{P_4}{P_1} - 1\right)\right\} = \frac{P_1 V_1}{\varkappa-1}\left\{\left[\left(\frac{V_1}{V_2}\right)^{\varkappa-1} - 1\right]\left(\frac{P_4}{P_1} - 1\right)\right\}.$$

Wärmemengen:

$$Q_1 = \frac{A\,V_2}{\varkappa - 1}\,(P_3 - P_2) \quad \text{positiv};$$

$$Q_2 = \frac{A\,V_1}{\varkappa - 1}\,(P_1 - P_4) \quad \text{negativ};$$

Wirkungsgrad:

$$\eta_{\text{th}} = \frac{A\,L}{Q_1} = \frac{P_1 V_1}{P_2 V_2}\left[\left(\frac{V_1}{V_2}\right)^{\varkappa-1} - 1\right] \quad \text{mit} \quad \frac{P_4}{P_1} = \frac{P_3}{P_2};$$

$$\eta_{\text{th}} = \frac{P_1 V_1}{P_2 V_2}\left(\frac{V_1}{V_2}\right)^{\varkappa-1}\left[1 - \left(\frac{V_2}{V_1}\right)^{\varkappa-1}\right] = 1 - \left(\frac{V_2}{V_1}\right)^{\varkappa-1}$$

$$= \frac{Q_1 - Q_2}{Q_1} = 1 - \frac{T_1}{T_2} = 1 - \frac{T_4}{T_3}.$$

$$\eta_{\text{th}} = 1 - \frac{1}{4^{\varkappa-1}} = 1 - \frac{1}{4^{0,4}} = 1 - \frac{1}{1,741} = 0,426$$

unabhängig von der Größe der Ladung, nämlich nur vom Verdichtungsverhältnis V_1/V_2.

$$Q_1 - Q_2 = \eta_{\text{th}}\,Q_1; \quad Q_2 = Q_1\,(1 - \eta_{\text{th}}) = 20 \cdot 0,574 = 11,48 \text{ kcal};$$

$$A\,L = Q_1 - Q_2 = 20,00 - 11,48 = 8,52 \text{ kcal oder } 3638 \text{ mkg}.$$

Die Kenntnis der Menge des arbeitenden Gases und der Zustandsgrößen in einem Punkt des Kreisprozesses ist für diese Ermittlungen unnötig.

$$N = \frac{300}{60}\,3638 = 18\,190 \text{ mkg/s} \quad \text{oder} \quad \frac{18\,190}{75} = 243 \text{ PS}$$

oder

$$N = \frac{18\,190}{102} = 178,3 \text{ kW}.$$

Aufgabe 78. Eine Wärmekraftmaschine arbeitet mit einem vollkommenen Gas ($\varkappa = 1{,}35$) nach einem Prozeß wie Abb. 23 (theoretischer Dieselmaschinenprozeß), bestehend aus zwei adiabatischen Zustandslinien, einer Linie gleichen Druckes und einer Linie gleichen Volumens. Während der isobarischen Ausdehnung von *2* nach *3* wird eine Wärmemenge Q_1 je Spiel zugeführt, derzufolge sich die Temperatur $t_3 = 1600°$ C

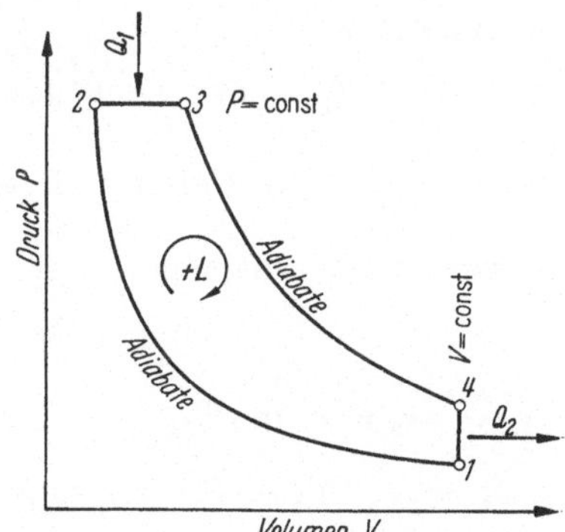

Abb. 23. Zu Aufgabe 78. Idealer Vergleichprozeß des Gleichdruckverfahrens (Dieselmaschine).

einstellt. Auf dem Wege von *4* nach *1* wird eine Wärmemenge Q_2 abgeführt. Das Verdichtungsverhältnis $V_1 : V_2$ sei $\varepsilon = 14$, der Anfangszustand $p_1 = 1$ at abs und $t_1 = 70°$ C, das Hubvolumen $V_1 = 0{,}2$ m³.

Zu ermitteln sind die Zustandswerte in den Eckpunkten des Diagramms ($s_1 = 0,000$), die Arbeiten, Wärmemengen und der thermische Wirkungsgrad. Wie groß wäre der thermische Wirkungsgrad eines *Carnot*schen Prozesses im selben Temperaturbereich? Die Gaskonstante ist $R = 30$ m/Grad, die spezifische Wärme sei zur Vereinfachung als konstant $= c_p = 0,271$ kcal/kg · Grad angenommen. Welche theoretische Leistung entwickelt diese Maschine bei $n = 360$ U/min? (Siehe hierzu auch Beispiel 151, S. 115.)

$$v_1 = R\,T_1/P_1 = 30 \cdot 343/10^4 = 1,0290 \text{ m}^3/\text{kg}$$

$$\text{zu } p_1 = 1 \text{ at abs}, \quad t_1 = 70° \text{ C}, \quad T_1 = 343° \text{ K}.$$

$$V_2 = V_1/\varepsilon = 0,2000/14 = 0,0143 \text{ m}^3;$$

$$p_2 = p_1\,(V_1/V_2)^{\varkappa} = p_1\,\varepsilon^{\varkappa} = 1 \cdot 14^{1,35} = 35,26 \text{ at abs};$$

$$T_2 = T_1\,(V_1/V_2)^{\varkappa-1} = 343 \cdot 14^{0,35} = 863,8° \text{ K}; \quad t_2 = 590,8° \text{ C}.$$

$$s_2 = s_1 = 0,000 \text{ kcal/kg} \cdot \text{Grad}; \quad i_2 = 0,271 \cdot 590,8 = 160,1 \text{ kcal/kg};$$

$$t_3 = 1600° \text{ C}; \quad T_3 = 1873° \text{ K}; \quad i_3 = 0,271 \cdot 1600 = 433,6 \text{ kcal/kg};$$

$$q_1 = c_p\,(t_3 - t_2) = i_3 - i_2 = 433,6 - 160,1 = 273,5 \text{ kcal/kg};$$

Gewicht des arbeitenden Gases

$$G = \frac{V_1}{v_1} = \frac{0,2000}{1,0290} = 0,1944 \text{ kg};$$

Wärmezufuhr

$$Q_1 = G\,q_1 = 0,1944 \cdot 273,5 = 53,09 \text{ kcal/Spiel}.$$

$$p_3 = p_2 = 35,26 \text{ at abs}; \quad V_3 = V_2\,\frac{T_3}{T_2} = 0,0143\,\frac{1873}{863,8} = 0,0310 \text{ m}^3;$$

Ausdehnungsverhältnis

$$\alpha = V_3/V_2 = T_3/T_2 = 2,168.$$

$$s_3 - s_2 = c_p\,\ln\,(T_3/T_2) = 0,271 \cdot 0,774 = 0,2100 \text{ kcal/kg} \cdot \text{Grad};$$

$$s_4 = s_3; \quad V_4 = V_1; \quad p_4 = p_3\,(V_3/V_4)^{\varkappa} = 35,26/12,40 = 2,843 \text{ at abs};$$

$$T_4 = T_3\,(V_3/V_4)^{\varkappa-1} = 1873/1,921 = 975,0° \text{ K}; \quad t_4 = 702,0° \text{ C}.$$

$$c_p/c_v = 1,35; \quad c_v = c_p/1,35 = 0,271/1,35 = 0,201 \text{ kcal/kg} \cdot \text{Grad};$$

$$- q_2 = c_v\,(t_1 - t_4) = 0,201 \cdot (70 - 702) = -127,0 \text{ kcal/kg};$$

$$-Q_2 = G\,q_2 = 0,1944 \cdot (-127,0) = -24,68 \text{ kcal/Spiel}.$$

$$L_{12} = \frac{P_1 V_1}{\varkappa - 1}\left[1 - \frac{T_2}{T_1}\right] = \frac{10^4 \cdot 0,2000}{0,35}\left[1 - \frac{863,8}{343}\right] = -8677 \text{ mkg};$$

$$L_{23} = P_{23}(V_3 - V_2) = 35,26 \cdot 10^4 \cdot (0,0310 - 0,0143) = +5885 \text{ mkg};$$

$$L_{34} = \frac{P_3 V_3}{\varkappa - 1}\left[1 - \frac{T_4}{T_3}\right] = \frac{35,26 \cdot 10^4 \cdot 0,0310}{0,35}\left[1 - \frac{975,0}{1873}\right] = +14960 \text{ mkg};$$

$$AL = \frac{14960 + 5885 - 8677}{427} = 28,41$$

$$= Q_1 - Q_2 = 53,09 - 24,68 = 28,41 \text{ kcal}.$$

$$\eta_{\text{th}} = \frac{Q_1 - Q_2}{Q_1} = \frac{AL}{Q_1} = \frac{28,41}{53,09} = 0,535.$$

Aus

$$\Delta s = c_p \ln(T_3/T_2) = c_v \ln(T_4/T_1)$$

und

$$\varkappa \ln \frac{T_3}{T_2} = \ln \frac{T_4}{T_1} \quad \text{oder} \quad \left(\frac{T_3}{T_2}\right)^{\varkappa} = \frac{T_4}{T_1}$$

folgt über $Q_1 = G c_p (T_3 - T_2)$ und $Q_2 = G c_v (T_4 - T_1)$

$$\eta_{\text{th}} = \frac{c_p(T_3 - T_2) - c_v(T_4 - T_1)}{c_p(T_3 - T_2)} = 1 - \frac{T_4 - T_1}{\varkappa(T_3 - T_2)}.$$

Mit

$$\frac{V_2}{V_1} = \left(\frac{T_1}{T_2}\right)^{\frac{1}{\varkappa - 1}} \quad \text{und} \quad \frac{V_3}{V_2} = \frac{T_3}{T_2}$$

folgt

$$\eta_{\text{th}} = 1 - \frac{T_1[(T_4/T_1) - 1]}{\varkappa T_2[(T_3/T_2) - 1]} = 1 - \frac{1}{\varkappa}\left(\frac{V_2}{V_1}\right)^{\varkappa - 1}\frac{[(V_3/V_2)^{\varkappa} - 1]}{(V_3/V_2) - 1}$$

oder mit $V_1/V_2 = \varepsilon$ und $V_3/V_2 = \alpha$ schließlich allgemein

$$\eta_{\text{th}} = 1 - \frac{1}{\varkappa}\frac{1}{\varepsilon^{\varkappa - 1}}\frac{\alpha^{\varkappa} - 1}{\alpha - 1} = 1 - \frac{1}{1,35}\frac{1}{14^{0,35}}\frac{2,168^{1,35} - 1}{2,168 - 1}$$

$$\eta_{\text{th}} = 0,535.$$

$$T_{\max} = 1873°\,\text{K}; \quad T_{\min} = 343°\,\text{K};$$

$$\eta_{\text{th(Carnot)}} = \frac{T_{\max} - T_{\min}}{T_{\max}} = \frac{1530}{1873} = 0,817.$$

Leistung der Maschine bei $\eta_{\text{th}} = 0,535$ und $n = 360$ U/min

$$N = L\frac{n}{60} = 12168\frac{360}{60} = 73000 \text{ mkg/s}$$

oder

$$N = \frac{73000}{75} = 973 \text{ PS} \quad \text{oder} \quad \frac{73000}{102} = 716 \text{ kW}.$$

Aufgabe 79. In einem großen Raum befindet sich Luft unter $t_0 = -100°$ C und $p_0 = 0,1$ at abs. Welche Arbeit ist je kg Luft aufzuwenden, wenn Wärmeenergie aus diesem Raum abgezogen und an die Umgebung mit $t = 20°$ C und $p = 1$ at abs mit Hilfe eines *Carnot*schen Prozesses abgeführt werden soll? Wie groß sind diese Wärmemengen? Siehe hierzu Abb. 24.

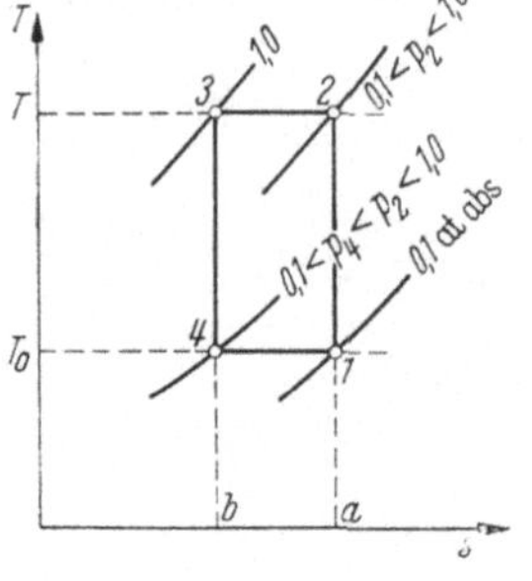

Abb. 24. T,s-Diagramm zu Aufgabe 79. Flächen:
$q_0 \triangleq ab41a$
$q \triangleq a23ba$
$Al \triangleq 12341$

$$l_{12} = R\,T_0 \frac{1}{\varkappa - 1}\left(1 - \frac{T}{T_0}\right)$$

$$l_{23} = R\,T \ln(P_2/P_3)$$

$$l_{34} = R\,T_0 \frac{1}{\varkappa - 1}\left(\frac{T}{T_0} - 1\right)$$

$$l_{41} = R\,T_0 \ln(P_4/P_1)$$

$$l_{12} = -l_{34}.$$

Aus

$$\left(\frac{p_2}{p_1}\right)^{\frac{\varkappa-1}{\varkappa}} = \left(\frac{p_3}{p_4}\right)^{\frac{\varkappa-1}{\varkappa}} = \frac{T}{T_0}$$

folgt

$$\frac{p_2}{p_1} = \frac{p_3}{p_4}.$$

Arbeit:

$$l = l_{23} + l_{41} = R\,T \ln(P_2/P_3) - R\,T_0 \ln(P_1/P_4)$$

$$l = R\,[\ln(P_2/P_3)]\,(T - T_0);$$

$$p_2 = p_1\left(\frac{T}{T_0}\right)^{\frac{\varkappa}{\varkappa-1}} = 0,1 \cdot 6,34 = 0,634 \text{ at abs};$$

$$l = 29,3 \ln\frac{0,634}{1,000}(293 - 173) = -1604 \text{ mkg/kg}.$$

Wärmeaufnahme:

$$q_0 = q_{41} = A\,l_{41} = \frac{29,3 \cdot 173}{427} \ln\frac{0,158}{0,100} = +5,40 \text{ kcal/kg};$$

mit

$$p_4 = \frac{p_3}{(T/T_0)^{\frac{\varkappa}{\varkappa-1}}} = \frac{1,000}{6,34} = 0,158 \text{ at abs}.$$

Wärmeabgabe:

$$q = q_{23} = A\,l_{23} = \frac{29,3 \cdot 293}{427} \ln\frac{0,634}{1,000} = -9,16 \text{ kcal/kg};$$

Bilanz:

$$q + q_0 = A\,l; \quad -9,16 + 5,40 = \frac{-1604}{427} = -3,76 \text{ kcal/kg}.$$

Unter Aufwand einer Arbeit von 1604 mkg vermag 1 kg Luft eine Wärmemenge von 5,40 kcal aus dem Kühlraum auf Umgebungsniveau zu heben.

Aufgabe 80. Eine Wärmekraftmaschine arbeitet mit Luft nach einem Prozeß wie Abb. 25. Das Gas wird von *1* bis *2* isothermisch verdichtet, wobei die Wärmemenge q_3 abzuführen ist. Durch Wärmezufuhr q_1 wird der Zustand *3* bei gleichbleibendem Volumen erreicht.

Es folgen adiabatische Ausdehnung von *3* bis *4* auf den unteren Druck p_1 und Abkühlung bei konstantem Druck p_1 von *4* bis *1* unter Entzug der Wärmemenge q_2. Wie groß ist der thermische Wirkungsgrad, wenn das Druckverhältnis $p_2/p_1 = 10$ und die Anfangstemperatur bei $p_1 = 1$ at abs zu $t_1 = 27°$ C gegeben ist? Die Ladung q_1 betrage 200 kcal/kg Luft. Zur Vereinfachung soll mit unveränderlicher spezifischer Wärme $c_p = 0{,}240$ und $c_v = 0{,}172$ kcal/kg Grad gerechnet werden. Wie groß

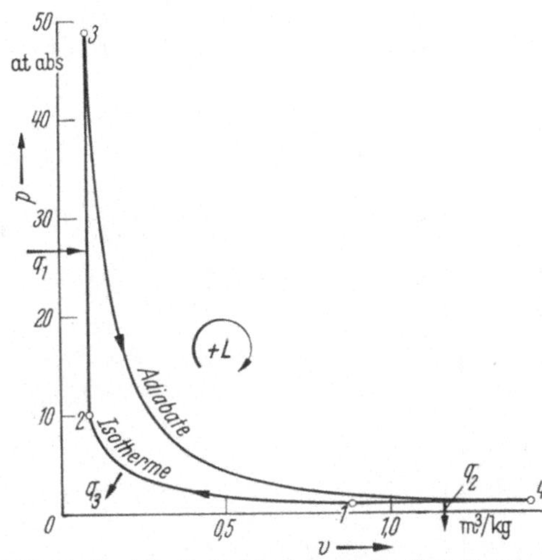

Abb. 25. Zu Aufgabe 80. Idealprozeß der Verpuffungsturbine.

ist die theoretische Leistung der Maschine bei Anwendung von 10 kg/s Luft? Inwieweit ändert sich der Prozeß, wenn man die Abwärme q_2 vollständig zur Aufwärmung der Anfangsluft im Zustand *1* verwendet? Die beiden Prozesse sind im T, s-Diagramm aufzuzeichnen.

$$\frac{p_2}{p_3} = \frac{T_2}{T_3} \quad \text{und} \quad \frac{p_1}{p_3} = \frac{p_1}{p_2}\frac{T_2}{T_3} = \frac{p_1}{p_2}\frac{T_1}{T_3};$$

$$\frac{T_4}{T_3} = \left(\frac{p_1}{p_3}\right)^{\frac{\varkappa-1}{\varkappa}} = \left(\frac{p_1}{p_2}\frac{T_1}{T_3}\right)^{\frac{\varkappa-1}{\varkappa}};$$

$$\eta_{\text{th}} = \frac{q_1 - q_2 - q_3}{q_1} = \frac{A\,l}{q_1} = 1 - \frac{c_p(T_4 - T_1) + A\,R\,T_1 \ln(p_2/p_1)}{c_v(T_3 - T_1)}$$

$$= 1 - \frac{\varkappa(T_4 - T_1) + (\varkappa - 1)\,T_1 \ln(p_2/p_1)}{T_3 - T_1}.$$

Es ist

$$T_3 - T_1 = \frac{q_1}{c_v} = \frac{200}{0{,}172} = 1163°; \quad T_1 = 300° \text{K}; \quad T_3 = 1463° \text{K};$$

$$T_4 = T_3\left(\frac{p_1}{p_2}\frac{T_1}{T_3}\right)^{\frac{\varkappa-1}{\varkappa}} = 1463\left(\frac{300}{10 \cdot 1463}\right)^{0{,}286} = 482{,}9° \text{K};$$

$$t_4 = 209{,}9° \text{C}; \quad p_1 = 1 \text{ at abs}; \quad p_2 = 10 \text{ at abs};$$

$$p_3 = p_2\frac{T_3}{T_1} = 10\frac{1463}{300} = 48{,}77 \text{ at abs};$$

$$s_1 - s_2 = A\,R\,\ln\frac{p_2}{p_1} = \frac{29{,}3}{427}\ln 10 = 0{,}158 \text{ kcal/kg} \cdot \text{Grad};$$

$$s_3 - s_2 = c_v \ln\frac{T_3}{T_2} = 0{,}172\,\ln\frac{1463}{300} = 0{,}272 \text{ kcal/kg} \cdot \text{Grad};$$

$$s_3 = s_4;$$

$$s_4 - s_1 = c_p \ln\frac{T_4}{T_1} = 0{,}24\,\ln\frac{482{,}9}{300} = 0{,}114 \text{ kcal/kg} \cdot \text{Grad}.$$

Wärmemengen und Arbeit:

$$q_2 = c_p\,(T_4 - T_1) = 0{,}24 \cdot (482{,}9 - 300) = 43{,}90 \text{ kcal/kg};$$

$$q_3 = A\,R\,T_1 \ln\frac{p_2}{p_1} = \frac{29{,}3}{427}\,300 \cdot 2{,}303 = 47{,}40 \text{ kcal/kg};$$

$$A\,l = q_1 - q_2 - q_3 = 200{,}0 - 43{,}9 - 47{,}4 = 108{,}7 \text{ kcal/kg}.$$

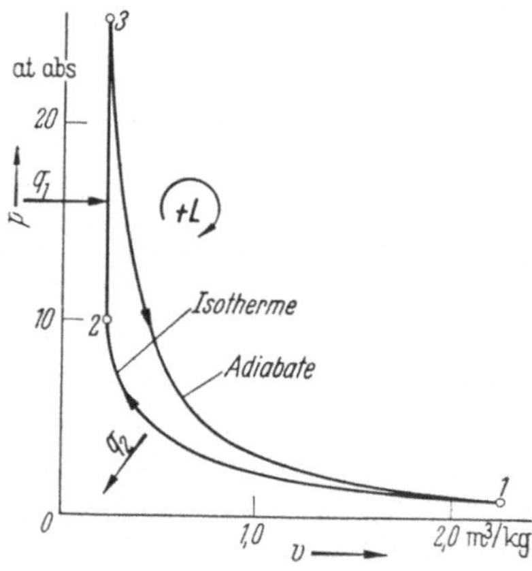

Abb. 26. p,v-Diagramm zu einem Prozeß wie Abb. 25 zu Aufgabe 80, jedoch mit Wärmeaustausch zwischen Abluft (Zustand *4*) und Frischluft (Zustand *1*).

$$\eta_{\text{th}} = \frac{108{,}7}{200} = 0{,}544;$$

Leistung bei 10 kg Luft je Sekunde

$$L = 10 \cdot 427 \cdot 108{,}7 = 464000 \text{ mkg/s};$$

$$N = \frac{464000}{102} = \text{rd. } 4600 \text{ kW}.$$

Wenn die gesamte Wärmeabfuhr q_2 zur Vorwärmung der Luft im Anfangszustand dient, so fallen im Diagramm die Zustandspunkte *1* und *4* zusammen, siehe Abb. 26. Für diesen Prozeß gilt:

$$t_1 = t_2; \qquad T_1 = T_2;$$

und

$$p_1 = 1 \text{ at abs}$$

$$p_2 = 10 \text{ at abs}.$$

$$s_1 - s_2 = s_3 - s_2; \qquad A\,R\,\ln\,(p_2/p_1) = c_v \ln\,(T_3/T_1);$$

$$T_3 = T_1 + \frac{q_1}{c_v}; \qquad (\varkappa - 1)\ln\frac{p_2}{p_1} = \ln\left(1 + \frac{q_1}{c_v\,T_1}\right)$$

oder

$$1 + \frac{q_1}{c_v\,T_1} = \left(\frac{p_2}{p_1}\right)^{\varkappa-1}; \qquad T_1 = 769°\,\text{K}; \qquad t_1 = 496°\,\text{C}$$

mit $q_1 = 200$ kcal/kg, $\quad c_v = 0{,}172$ kcal/kg $\cdot$ Grad; $\quad p_2/p_1 = 10$.

$$T_3 = T_1 + \frac{q_1}{c_v} = 769 + 1163 = 1932°\,\text{K}; \qquad t_3 = 1659°\,\text{C}.$$

$$s_1 - s_2 = s_3 - s_2 = 0{,}158 \text{ kcal/kg} \cdot \text{Grad};$$

$$q_2 = T_1\,(s_1 - s_2) = 769 \cdot 0{,}158 = 121{,}5 \text{ kcal/kg};$$

$$A\,l = q_1 - q_2 = 200{,}0 - 121{,}5 = 78{,}5 \text{ kcal/kg};$$

$$\eta_{\text{th}} = \frac{78{,}5}{200} = 0{,}393.$$

Arbeitsgewinn und thermischer Wirkungsgrad werden kleiner, was durch die größere Wärmeabfuhr bei der isothermischen Kompression begründet ist, siehe hierzu Abb. 27.

Aufgabe 81. Eine Wärmekraftmaschine arbeitet mit Luft nach einem Prozeß wie Abb. 28. Das Gas wird zunächst isothermisch von *1* nach *2* verdichtet. Danach folgt isobarische Ausdehnung von *2* nach *3* und weiterhin adiabatische Ausdehnung von *3* nach *4*. Der Prozeß schließt sich durch isobarische Abkühlung von *4* nach dem Ausgangszustand *1*. Wie groß ist der thermische Wirkungsgrad in Abhängigkeit vom Verdichtungsverhältnis p_2/p_1 und

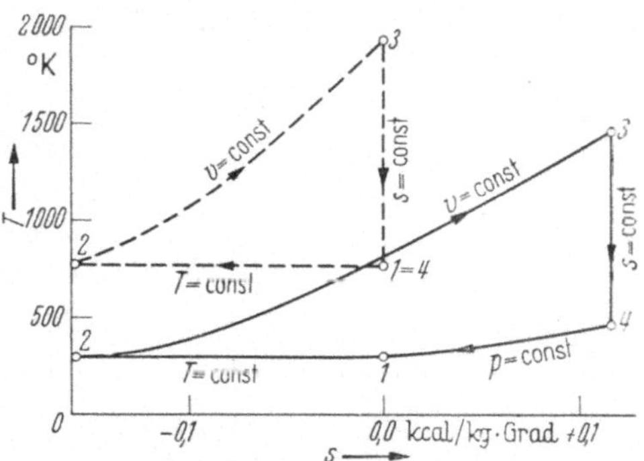

Abb. 27. Ausgezogener Prozeß zu Abb. 25, gestrichelter zu Abb. 26 im T,s-Diagramm, zu Aufgabe 80.

Zu Abb. 25 gehörig:

Wärmezufuhr q_1 entsprechend Fläche unter *2* bis *3*
Wärmeabfuhr q_2　　,,　　　,,　　　,,　　*4* bis *1*
Wärmeabfuhr q_3　　,,　　　,,　　　,,　　*1* bis *2*

Zu Abb. 26 gehörig:

Wärmezufuhr q_1 entsprechend Fläche unter *2* bis *3*
Wärmeabfuhr q_2　　,,　　　,,　　　,,　　*1* bis *2*

Fläche unter *2* bis *3* im ausgezogenen Diagramm gleich Fläche unter *2* bis *3* im gestrichelten Diagramm.

der Ladung q_1, wenn die Anfangstemperatur t_1 der Luft noch gegeben ist?

$$\eta_{\mathrm{th}} = \frac{q_1 - q_2 - q_3}{q_1} = 1 - \frac{c_p(T_4 - T_1) + A R T_1 \ln(p_2/p_1)}{c_p(T_3 - T_2)} ;$$

$$\frac{T_3}{T_4} = \left(\frac{p_3}{p_4}\right)^{\frac{\varkappa-1}{\varkappa}} = \left(\frac{p_2}{p_1}\right)^{\frac{\varkappa-1}{\varkappa}} ;$$

$$T_4 = \frac{T_3}{(p_2/p_1)^{\frac{\varkappa-1}{\varkappa}}} ;$$

$$c_p(T_3 - T_2) = q_1 ; \qquad T_3 = T_1 + \frac{q_1}{c_p} ;$$

$$\frac{A R}{c_p} = \frac{c_p - c_v}{c_p} = 1 - \frac{1}{\varkappa}$$

$$= \frac{\varkappa - 1}{\varkappa} ;$$

Abb. 28. Zu Aufgabe 81. Idealprozeß der Gleichdruckturbine.

$$\eta_{\mathrm{th}} = 1 - \frac{[(T_1 + q_1/c_p)/(p_2/p_1)^{0,286}] - T_1 + 0,286\, T_1 \ln(p_2/p_1)}{T_1 + q_1/c_p - T_1}$$

$$\eta_{\mathrm{th}} = 1 - \frac{c_p T_1}{q_1}\left\{\left[\frac{1 + q_1/c_p T_1}{(p_2/p_1)^{0,286}}\right] - 1 + 0{,}286 \ln \frac{p_2}{p_1}\right\} ;$$

$$= f\left[T_1,\, q_1,\, c_p,\, c_v,\, \frac{p_2}{p_1}\right].$$

Siehe hierzu das Rechenbeispiel Aufgabe 152, S. 115.

Aufgabe 82. Ein Druckluftmotor arbeitet theoretisch nach einem Prozeß wie Abb. 29. Luft von $p_1 = 6$ at abs und $t_1 = 20°$ C tritt aus einem großen Vorratsbehälter in den Zylinder ein und schiebt den Kolben vor bis zur Stellung *1* (Füllung V_1). Dann schließt das Einlaßventil, und die Luft dehnt sich rasch auf $p_2 = 1$ at abs aus. Am Ende wird die Luft bei $p_2 =$ konst. in einen anderen großen Behälter ausgeschoben. Das Bild des Kreisprozesses ist *1 2 3 4 1*, wobei das Volumen $V_3 = V_4 = 0$ ist. Welche Arbeit wird je kg Luft geleitet? Wieviel kg/h Luft werden benötigt für eine Leistung von 16 PS? Welches Hubvolumen muß der Zylinder (ohne Rücksicht auf den Raum, den die Kolbenstange einnimmt) eines doppeltwirkenden Motors bei einer Drehzahl von $n = 40/\text{min}$ haben? Wieviel Luft wird benötigt bei Vorwärmung um $100°$? Wie groß ist die theoretische Arbeit bei Luft von $20°$ C, wenn die Ausdehnung (aus wirtschaftlichen Gründen) nur bis 80 vH des Volumens V_2 erfolgt und dann bereits das Auslaßventil öffnet? Um wieviel vH vermindert sich die Arbeit dadurch? Wie groß ist die Auspufftemperatur Zustand b, wenn während der raschen Zustandsänderung von a nach b keine Wärme mit der Umgebung ausgetauscht wird?

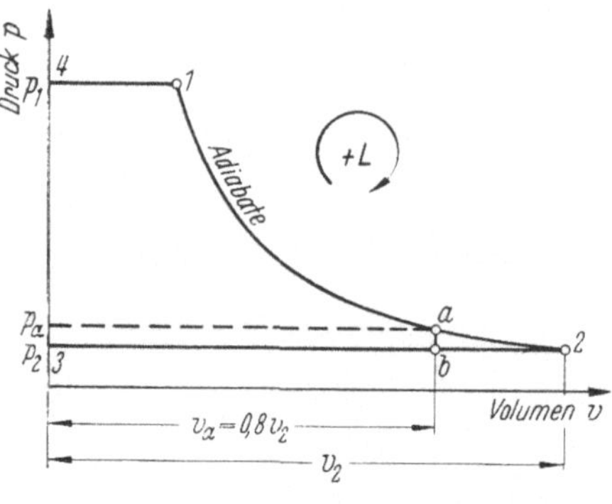

Abb. 29. Zu Aufgabe 82. Idealprozeß des Druckluftmotors.

$$p_1 = 6 \text{ at abs}; \quad t_1 = 20°\,\text{C}; \quad v_1 = R\frac{T_1}{P_1} = \frac{29{,}3 \cdot 293}{60\,000} = 0{,}1431 \text{ kg/m}^3;$$

$$T_2 = T_1 \left(\frac{p_2}{p_1}\right)^{\frac{\varkappa - 1}{\varkappa}} = 293 \left(\frac{1}{6}\right)^{0,286} = \frac{293}{1{,}668} = 175{,}7°\,\text{K};$$

$$t_2 = -97{,}3°\,\text{C}; \quad v_2 = R\frac{T_2}{P_2} = \frac{29{,}3 \cdot 175{,}7}{10\,000} = 0{,}5148 \text{ m}^3/\text{kg};$$

$$A\,l = i_1 - i_2 = c_p\,(t_1 - t_2) = 0{,}24 \cdot (20 + 97{,}3) = 28{,}15 \text{ kcal/kg};$$

$$N = 16 \text{ PS entspricht } 16 \cdot 75 = 1200 \text{ mkg/s}; \quad l = 12\,020 \text{ mkg/kg};$$

Luftgewicht

$$G = \frac{1200}{12\,020} = 0{,}0998 = \text{rd. } 0{,}100 \text{ kg/s}$$

oder

$$G_h = 3600 \cdot 0{,}100 = 360 \text{ kg/h} \quad \text{oder} \quad V_{1h} = 360 \cdot 0{,}143 = 51{,}4 \text{ m}^3/h.$$

Hubvolumen

$$V = \frac{1}{2}\, V_{2\,h}\, \frac{1}{60\cdot 40} = \frac{360\cdot 0{,}5148}{2\cdot 60\cdot 40} = 0{,}0386 \text{ m}^3\,;$$

bei Vorwärmung um $100°$ wird $t_{1V} = 120°\,\text{C},\quad T_{1V} = 393°\,\text{K}\quad$ und

$$T_{2V} = T_{1V}\left(\frac{p_2}{p_1}\right)^{\frac{\varkappa-1}{\varkappa}} = \frac{393}{1{,}668} = 235{,}6°\,\text{K}\,;\quad t_{2V} = -37{,}4°\,\text{C}\,.$$

$$A\,l_V = i_{1V} - i_{2V} = 0{,}24\cdot(120 + 37{,}4) = 37{,}78 \text{ kcal/kg}\,.$$

Von der zugeführten Wärmemenge $q_V = c_p\,(t_{1V} - t_1) = 24$ kcal/kg werden im Motor nur $37{,}78 - 28{,}15 = 9{,}63$ kcal/kg oder 40 vH ausgenützt. Luftmenge

$$G_V = \frac{1200}{37{,}78\cdot 427} = 0{,}0743 \text{ kg/s}\quad \text{oder}\quad 3600\cdot 0{,}0743 = 268 \text{ kg/h}\,.$$

Bei Verkürzung des Hubes ist

$$v_a = 0{,}8\, v_2 = 0{,}8\cdot 0{,}5148 = 0{,}4118 \text{ m}^3/\text{kg}\,;$$

$$\frac{p_a}{p_1} = \left(\frac{v_1}{v_a}\right)^{\varkappa} = \left(\frac{0{,}1431}{0{,}4118}\right)^{1,4} = \frac{1}{4{,}392}\,;\quad p_a = 1{,}366 \text{ at abs}\,;$$

$$T_a = T_1\left(\frac{p_a}{p_1}\right)^{\frac{\varkappa-1}{\varkappa}} = \frac{293}{4{,}392^{0,286}} = \frac{293}{1{,}526} = 192{,}0°\,\text{K}\,;\quad t_a = -81°\,\text{C}\,;$$

Arbeit:

$$(A\,l)_a = i_1 - i_a + A\,v_a\,(P_a - P_2)$$

$$= 0{,}24\cdot(20 + 81) + \frac{0{,}4118}{427}\cdot 0{,}366\cdot 10^4$$

$$= 24{,}24 + 3{,}53 = 27{,}77 \text{ kcal/kg}\,;$$

Einbuße $\varDelta A\,l = 28{,}15 - 27{,}77 = 0{,}38$ kcal/kg oder $1{,}35$ vH.
Temperatur im Auspuff (Diagrammpunkt b) nach Aufgabe 64:

$$T_a - T_b = \frac{\varkappa-1}{\varkappa}\, T_a\, \frac{p_a - p_b}{p_a} = 0{,}286\cdot 192\cdot \frac{0{,}366}{1{,}366} = 14{,}7°\,;$$

$$T_b = 192{,}0 - 14{,}7 = 177{,}3°\,\text{K}\,;\quad t_b = -95{,}7°\,\text{C}\,.$$

Aufgabe 83. Ein Kolbenkompressor saugt Leuchtgas:

$$R = 69{,}74 \text{ m/Grad}\,,\quad \varkappa = 1{,}36\,,\quad \delta = 0{,}420 \text{ (Luft} = 1)\,,$$

$$C_p = 7{,}495 \text{ kcal/kmol}\cdot\text{Grad}$$

von $p_1 = 0{,}994$ at abs, $t_1 = 22°\,\text{C}$ an und verdichtet das Gas polytropisch ($n = 1{,}28$) auf $4{,}81$ at abs. Wie groß ist der Arbeitsaufwand bei dem Verdichtungsprozeß? Siehe hierzu Abb. 30. Welche Wärmemenge ist je kg und je Nm³ Gas zu entziehen? Wie hoch ist die Kompressions-Endtemperatur t_2? Welche Arbeiten, Wärmemengen und Temperaturen ergeben sich bei völlig gekühlter ($n = 1$) und bei ungekühlter ($n = \varkappa = 1,36$) Verdichtung? Wie groß ist der mittlere Druck p_m des idealen Diagramms? Wie groß ist der Arbeitsaufwand je m³ Gas, bezogen auf 4,5 at abs und 20°C an der (stromabwärts angeordneten) Meßstelle? Welchen Leistungsbedarf hat ein Gaskompressor ($\eta_i = 0,82$ und $\eta_m = 0,89$) bei einer Ansaugemenge von 6000 m³/h? Welches ist der isothermische Wirkungsgrad des Kompressors? In welchem Maße hängt die Antriebsleistung von Druckschwankungen in der Saugleitung ab? Wie stellt sich der Prozeß im T, s-Diagramm dar?

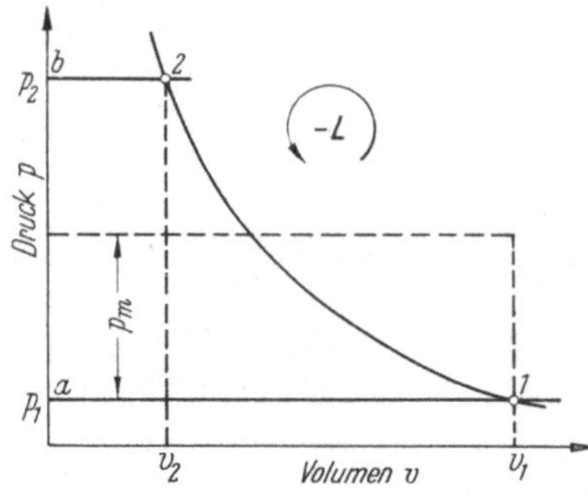

Abb. 30. Zu Aufgabe 83. Idealprozeß eines Gaskompressors.

$$v_1 = \frac{R\,T_1}{P_1} = \frac{69,74 \cdot 295}{9940} = 2,070 \text{ m}^3/\text{kg}; \qquad T_1 = 295°\,\text{K};$$

$$l' = \frac{n}{n-1}\,R\,T_1\left[1 - \left(\frac{p_2}{p_1}\right)^{\frac{n-1}{n}}\right]; \qquad \frac{n}{n-1} = 4,57; \qquad \frac{n-1}{n} = 0,219;$$

$$(p_2/p_1)^{0,219} = 1,412;$$

$$l' = 4,57 \cdot 69,74 \cdot 295 \cdot (-0,412) = -38750 \text{ mkg/kg};$$

bei polytropischer Verdichtung oder mit

$$\frac{\varkappa}{\varkappa-1} = \frac{1,36}{0,36} = 3,78; \qquad \frac{0,36}{1,36} = 0,265; \qquad \left(\frac{p_2}{p_1}\right)^{0,265} = 1,518;$$

$$l' = 3,78 \cdot 69,74 \cdot 295 \cdot (-0,518) = -40260 \text{ mkg/kg}$$

bei adiabatischer Verdichtung. Aus

$$t_2 - t_1 = T_1\left[\left(\frac{p_2}{p_1}\right)^{\frac{n-1}{n}} - 1\right]$$

folgen

$$t_2 = 22 + 121,5 = 143,5°\,\text{C} \quad \text{bei} \quad n = 1,28$$

und

$$t_2 = 22 + 152,8 = 174,8°\,\text{C} \quad \text{bei} \quad n = \varkappa = 1,36.$$

Wärmeentzug:

$$q = \frac{1}{n}\,\frac{\varkappa-n}{\varkappa-1}\,A\,l' = -\frac{0,08 \cdot 38750}{1,28 \cdot 0,36 \cdot 427} = -15,75 \text{ kcal/kg}.$$

Bei isothermischer Kompression ist

$$l' = l \quad = R T_1 \ln (p_1/p_2) = -69{,}74 \cdot 295 \ln 4{,}84 = -32\,440 \text{ mkg/kg};$$

$$q = A l = -32\,440/427 \quad = -75{,}98 \text{ kcal/kg}.$$

1 Nm³ Gas wiegt $\delta \gamma_{NL} = 0{,}420 \cdot 1{,}293 = 0{,}543$ kg.

$$p_m = \frac{l'}{10^4 \cdot v_1} \text{ kg/cm}^2$$

oder at mittlerer Druck.

Mithin ergeben sich folgende Werte:

n	isothermisch 1,0	polytropisch 1,28	adiabatisch 1,36
$- l'$ in mkg/kg	32 440	38 750	40 260
$- L'$ in mkg/Nm³ . . .	17 610	21 040	21 860
t_2 in °C	22	143,5	174,8
$- q$ in kcal/kg	75,98	15,75	0
$- Q$ in kcal/Nm³ . . .	41,26	8,55	0
p_m in at	1.567	1,872	1,945

1 m³ Gas von 4,5 at abs und 20° C wiegt

$$\gamma = \frac{P}{R T} = \frac{4{,}50 \cdot 10000}{69{,}74 \cdot 293} = 2{,}202 \text{ kg/m}^3.$$

Arbeitsaufwand an der Meßstelle in der Druckleitung also

$$L' = \gamma l' = 2{,}202 \cdot 38\,750 = 85\,330 \text{ mkg/m}^3 \text{ Gas};$$

Leistungsbedarf des Kompressors

$$N_e = \frac{1}{\eta_i \eta_m} \frac{n}{n-1} \frac{p_1 V_{h1}}{36{,}7} \left[\left(\frac{p_2}{p_1} \right)^{\frac{n-1}{n}} - 1 \right]$$

$$= \frac{4{,}57}{0{,}82 \cdot 0{,}89} \frac{0{,}994 \cdot 6000}{36{,}7} 0{,}412 = 420 \text{ kW}$$

oder bei theoretischer isothermischer Verdichtung

$$N_{is} = \frac{1}{3600 \cdot 102} 10^4 p_1 V_{h1} \ln \frac{p_2}{p_1} = 256 \text{ kW}$$

damit

$$\eta_{is} = \frac{N_{is}}{N_e} = \frac{256}{420} = 0{,}61.$$

Bei einem um 5 vH geringeren Ansaugedruck ist $p_2/p_1 = 5.094$, bei einem um 5 vH größeren 4,609;

$$5{,}094^{0{,}219} = 1{,}427 \quad \text{und} \quad 4{,}609^{0{,}219} = 1{,}397;$$

$$100 \frac{0{,}427 - 0{,}412}{0{,}412} = + 3{,}57 \text{ vH} \quad \text{und} \quad 100 \frac{0{,}397 - 0{,}412}{0{,}412} = - 3{,}76 \text{ vH}.$$

Die Leistung ändert sich in geringerem Maße als die Schwankungen im Ansaugedruck p_1.

Abb. 31 zeigt den Prozeß im T, s-Diagramm. Bei der polytropischen Verdichtung ist eine Wärmemenge an das Kühlwasser abzuführen entsprechend Fläche $a\,12_{pol}\,b\,a$. Im Gas wird dabei eine Wärmemenge aufgespeichert entsprechend Fläche $b\,2_{pol}\,2_{is}\,c\,b$, wobei die Temperatur auf $T_{2\,pol} = 416,5°$ K ansteigt. Im Falle von isothermischer Verdichtung geht die Wärmemenge entsprechend Fläche $a\,12_{is}\,c\,a$ an das Kühlwasser über.

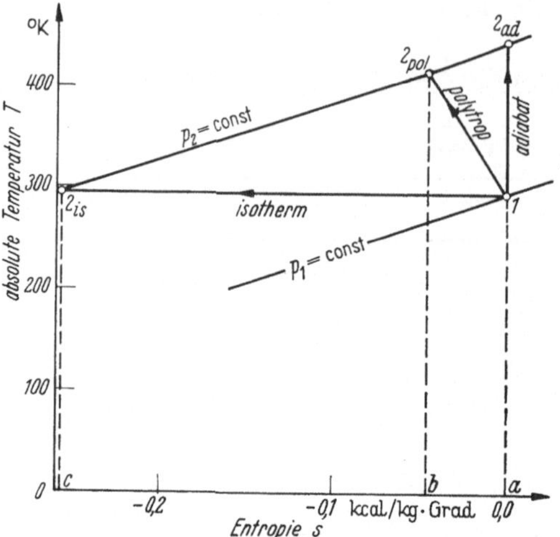

Abb. 31. T, s-Diagramm zu Aufgabe 83 und Abb. 30.

Aufgabe 84. Stickstoff von $p_1 = 1$ at abs und $t_1 = 15°$ C wird polytropisch ($n = 1,20$) auf $p_2 = 100$ at abs verdichtet. Wie groß ist der Arbeitsaufwand bei ein-, zwei- und dreistufiger Verdichtung? Welche Wärmemengen sind durch Zylinderkühlung und welche durch Zwischenkühlung zu entziehen, wenn der Stickstoff zwischen den Stufen 1 und 2 sowie 2 und 3 auf je 40° C zurückgekühlt wird? Wie hoch sind die Verdichtungs-Endtemperaturen t_2? Wie groß ist der Mehraufwand gegenüber isothermischer Verdichtung? Wie groß ist die theoretische Antriebsleistung bei 1000 m³ angesaugtem Stickstoff in der Stunde?

Der Prozeß ist im T, s-Diagramm darzustellen.

$$p_1 = 1 \text{ at abs}; \quad t_1 = 15° \text{ C}; \quad T_1 = 288° \text{ K}; \quad R = 30,26 \text{ m/Grad};$$

$$p_2/p_1 = 100;$$

Wahl der Zwischendrücke:

zweistufig

$$p_z = p_1 \sqrt{p_2/p_1} = \sqrt{100} = 10 \text{ at abs};$$

dreistufig

$$p_x = p_1 \sqrt[3]{p_2/p_1} = \sqrt[3]{100} = 4,64 \text{ at abs};$$

$$p_y = p_x^2 = 4,64^2 = 21,54 \text{ at abs};$$

$$n = 1,20; \quad \frac{n-1}{n} = \frac{1}{6}; \quad \frac{n}{n-1} = 6;$$

$$100^{1/6} = 2,154; \quad 10^{1/6} = 1,468; \quad 4,64^{1/6} = 1,292;$$

einstufig

$$l'_{12} = \frac{n}{n-1} \, R \, T_1 \left[1 - \left(\frac{p_2}{p_1}\right)^{\frac{n-1}{n}} \right] \quad \text{Arbeitsaufwand;}$$

$$l'_{12} = 6 \cdot 30{,}26 \cdot 288 \cdot (-1{,}154) = -60340 \text{ mkg/kg;}$$

$$t_2 - t_1 = T_1 \left[\left(\frac{p_2}{p_1}\right)^{\frac{n-1}{n}} - 1 \right] = 288 \cdot 1{,}154 = 332\,4\,°;$$

$$t_2 = 347{,}4°\,\text{C;} \quad T_2 = 620{,}4°\,\text{K Endtemperatur;}$$

$$q_{12} = \frac{1}{n} \, \frac{\varkappa - n}{\varkappa - 1} \, A \, l' \quad \text{Wärmeabfuhr;}$$

$$q_{12} = \frac{0{,}2}{1{,}2 \cdot 0{,}4} \, \frac{-60340}{427} = -58{,}89 \text{ kcal/kg.}$$

Bilanz mit $c_v = 0{,}177$ kcal/kg $\cdot$ Grad:

$$q_{12} = u_{21} + A \, l_{12} = u_{21} + \frac{1}{n} \, A \, l'_{12};$$

$$-58{,}89 = 0{,}177 \cdot 332\,4 - \frac{1}{1{,}2} \, \frac{60340}{427};$$

zweistufig

$$l'_{12} = \frac{n}{n-1} \, R(T_1 + T) \left[1 - \left(\frac{p_z}{p_1}\right)^{\frac{n-1}{n}} \right] \quad \text{mit } t = 40°\text{C;} \quad T = 313°\,\text{K;}$$

$$l'_{12} = 6 \cdot 30{,}26 \cdot (288 + 313) \cdot (-0{,}468) = -51070 \text{ mkg/kg Arbeitsauf-}$$
$$\text{wand;}$$

$$t_z - t_1 = 288 \cdot (1{,}468 - 1) = 134{,}8°;$$

$$t_z = 149{,}8°\,\text{C;} \quad T_z = 422{,}8°\,\text{K Endtemperatur 1. Stufe;}$$

nach Rückkühlen auf $t = 40°$ C:

$$t_2 - t = 313 \, (1{,}468 - 1) = 146{,}5°;$$

$$t_2 = 186{,}5°\,\text{C;} \quad T_2 = 459{,}5°\,\text{K Endtemperatur 2. Stufe;}$$

$$q_{12} = \frac{0{,}2}{1{,}2 \cdot 0{,}4} \, \frac{-51070}{427} = -49{.}84 \text{ kcal/kg} \quad \text{Wärmeentzug}$$

während des Verdichtens, und mit $c_p = 0{,}248$ kcal/kg $\cdot$ Grad ist $q_z = c_p \, (t - t_z) = 0{,}248 \cdot (40 - 149{,}8) = -27{,}23$ kcal/kg im Zwischenkühler.

Bilanz:

$$q_{12} + q_z = u_2 - u_1 + \frac{1}{n} \, A \, l'_{12} + A R(t - t_z);$$

$$-49{,}84 - 27{,}23 = 0{,}177 \cdot (186{,}5 - 15{,}0) - \frac{51070}{1{,}2 \cdot 427} - \frac{30{,}26}{427} (149{,}8 - 40{,}0);$$

dreistufig

$$l'_{12} = \frac{n}{n-1} R(T_1 + 2\,T)\left[1 - \left(\frac{p_x}{p_1}\right)^{\frac{n-1}{n}}\right] \quad \text{Arbeitsaufwand;}$$

$$l'_{12} = 6 \cdot 30{,}26 \cdot (288 + 2 \cdot 313) \cdot (-0{,}292) = -48\,370 \text{ mkg/kg;}$$

$$t_x - t_1 = 288 \cdot (1{,}292 - 1) = 84{,}0°;$$

$$t_x = 99{,}0° \text{ C;} \quad T_x = 372{,}0° \text{ K Endtemperatur 1. Stufe;}$$

nach Rückkühlen auf $t = 40°$ C:

$$t_y - t = 313 \cdot (1{,}292 - 1) = 91{,}2°;$$

$$t_y = 131{,}2° \text{ C;} \quad T_y = 404{,}2° \text{ K Endtemperatur 2. Stufe;}$$

nach erneutem Rückkühlen auf $40°$ C:

$$t_2 - t = 313 \cdot (1{,}292 - 1) = 91{,}2°;$$

$$t_2 = 131{,}2° \text{ C;} \quad T_2 = 404{,}2° \text{ K Endtemperatur 3. Stufe.}$$

$$q_{12} = \frac{0{,}2}{1{,}2 \cdot 0{,}4}\,\frac{-48\,370}{427} = -47{,}20 \text{ kcal/kg Wärmeentzug}$$

während des Verdichtens und

$$q_x = 0{,}248 \cdot (40{,}0 - 99{,}0) = -14{,}62 \text{ kcal/kg}$$

im ersten Zwischenkühler (zwischen Stufe 1 und 2) und

$$q_y = 0{,}248 \cdot (40{,}0 - 131{,}2) = -22{,}63 \text{ kcal/kg}$$

im zweiten Zwischenkühler (zwischen Stufe 2 und 3).
  Bilanz

$$q_{12} + q_x + q_y = u_2 - u_1 + \frac{1}{n} A\,l'_{12} + A R(t - t_x + t - t_y);$$

$$-47{,}20 - 14{,}62 - 22{,}63$$

$$= 0{,}177 \cdot (131{,}2 - 15{,}0) - \frac{48\,370}{1{,}2 \cdot 427} + \frac{30{,}26}{427}(80{,}0 - 99{,}0 - 131{,}2);$$

isothermisch

$$t_1 = t_2; \quad T_1 = T = 288° \text{ K;}$$

$$l_{12} = l'_{12} = R\,T_1 \ln(p_1/p_2) = 30{,}26 \cdot 288 \cdot (-4{,}605) = -40\,130 \text{ mkg/kg;}$$

$$q_{12} = A\,l_{12} = -\frac{40\,130}{427} = -94{,}00 \text{ kcal/kg;}$$

Antriebsleistung bei $V_{1h} = 1000$ m³/h Stickstoff

$$N = G \, A \, l'_{12}/3600 \cdot 102 \quad \text{in kW}$$

mit Stickstoffgewicht

$$G = \frac{P_1 V_1}{R T_1} = \frac{10^4 \cdot 1000}{30{,}26 \cdot 288} = 1147 \text{ kg/h}.$$

Ergebnisse:

	polytropisch $n = 1{,}2$			isothermisch $n = 1$
	einstufig	zweistufig	dreistufig	
$- l'_{12}$ in mkg/kg . . .	60 340	51 070	48 370	40 130
$- q$ in kcal/kg . . .	58,89	77,07	84,45	94,00
t_2 in °C	347,4	186,5	131,2	15,0
Mehrarbeit vH	49,2	27,4	20,5	0
Mehrarbeit vH	24,8	5,6	0	—
Mehrarbeit vH	18,2	0	—	—
N in kW	188,6	159,6	151,2	125,4

An sich ist für Hochdruckkompressoren mit Enddrücken über
40 at abs die obige Rechenweise wegen der Veränderlichkeit der
spezifischen Wärmen und deswegen, weil das allgemeine Gasgesetz
nicht mehr streng gilt,
nicht mehr genau genug.
Der Fehler bei der Volumen-
berechnung macht schon
Größenordnung 10 vH aus.
Die spezifische Wärme
wächst mit zunehmendem
Druck, weshalb sich in
den oberen Stufen ge-
ringere Temperatursteige-
rungen ergeben als in den
unteren. Man bestimmt die
Zwischendrücke am besten
mittels eines i, s-Dia-
gramms oder einer i, s-
Tafel für das betreffende

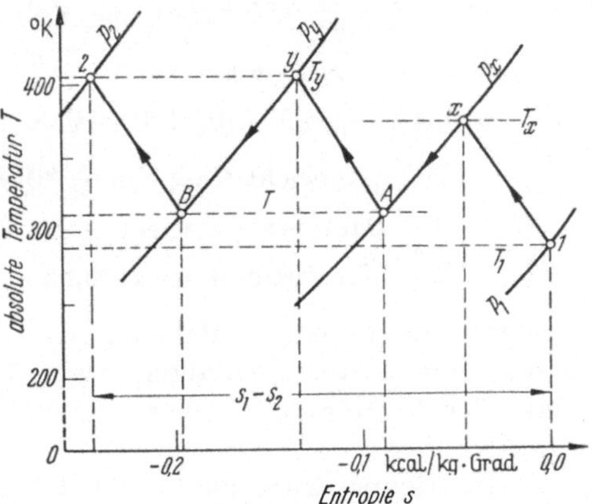

Abb. 32. Zustandsänderung der Luft nach Aufgabe 84.

Gas. Die Isothermen sind darin nicht mehr gerade, sondern gekrümmt
verlaufende Kurven. Grundsätzlich ist die Rechnung jedoch nicht an-
ders als die obige vereinfachte Rechnung.

In Abb. 32 ist die Zustandsänderung der Luft im T, s-Diagramm
aufgezeichnet. Die unter der Zustandslinie *1 x A y B 2* liegende und
in dem (verkürzt gezeichneten!) Diagramm bis zur s-Achse reichenden

Fläche entspricht der insgesamt abgeführten Wärme. Diese Fläche beträgt im (verkleinert wiedergegebenen) Diagramm 169,0 cm². Mit 1 cm $\hat{=}$ 25° und 1 cm $\hat{=}$ 0,1/5 kcal/kg · Grad erhält man

$$- q = 169 \cdot 25 \cdot \frac{0,1}{5} = 84{,}5 \text{ kcal/kg}$$

wie oben. Die Linien p = konst. sind schwach gekrümmte Linien.

V. Zustandsänderungen von Dämpfen.

Zur Berechnung wurden die VDI-Wasserdampftafeln, 3. Aufl., Berlin 1952, von *Koch/Schmidt* sowie die Dampftafeln der Hütte Band I, 27. Aufl., Berlin 1949, Abschnitt Wärme, Tafel 7, S. 579—581, von *Schmidt*, benutzt.

Aufgabe 85. Wie groß ist das Gewicht von $V = 30$ m³ gesättigtem Wasserdampf von $p = 16$ at Überdruck bei normalem Barometerstand, wenn der Dampf zu 5 vH seines Gewichts Feuchtigkeit enthält?

Zu $p = \dfrac{760}{736} + 16 = 17{,}03$ oder rd. 17 at abs gehört

$$v' = 0{,}0012 \quad \text{und} \quad v'' = 0{,}1190 \text{ m}^3/\text{kg}.$$

Man erhält mit $x = 0{,}95$ kg/kg das Volumen

$$v = v' + x\,(v'' - v')$$
$$= 0{,}0012 + 0{,}95 \cdot (0{,}1190 - 0{,}0012) = 0{,}1131 \text{ m}^3/\text{kg};$$

$$\text{Dampfgewicht } G = V/v = 30/0{,}1131 = 265{,}3 \text{ kg};$$
$$\text{der Dampfanteil wiegt } 0{,}95 \cdot 265{,}3 = 252{,}0 \text{ kg};$$
$$\text{der Wasseranteil wiegt } 0{,}05 \cdot 265{,}3 = 13{,}3 \text{ kg}.$$

Aufgabe 86. In einem Behälter von $V = 10$ m³ Inhalt befinden sich $G = 100$ kg Ammoniakdampf von 20° C. Ist dieser Dampf gesättigt oder überhitzt? Welches sind die Zustandsgrößen für diesen Dampf?

Sättigungsdruck zu $t = 20°$ C ist $p = 8{,}741$ at abs.

Spezifisches Gewicht $\gamma = G/V = 100/10 = 10{,}0$ kg/m³;

spezifisches Volumen $v = V/G = 10/100 = 0{,}100$ m³/kg;

bei $t = 20°$ C ist $v' = 1{,}639 \cdot 10^{-3}$ m³/kg und

$$v'' = 0{,}1490 \text{ m}^3/\text{kg}; \text{ also ist } v < v'', \text{ also gesättigt.}$$

Dampfgehalt:

$$x = \frac{v - v'}{v'' - v'} = \frac{0{,}1000 - 0{,}0016}{0{,}1490 - 0{,}0016} = 0{,}668 \text{ kg/kg};$$

bei $t = 20°$ C ist $i' = 122{,}4$ kcal/kg und $i'' = 405{,}9$ kcal/kg bezogen auf $i_0' = 100{,}0$ bei $t_0 = 0°$ C; $r = i' - i'' = 283{,}5$ kcal/kg.

$$i = i' + xr = 122{,}4 + 0{,}668 \cdot 283{,}5 = 311{,}8 \text{ kcal/kg};$$

$$u = i - A P v = 311{,}8 - \frac{1}{427} \cdot 874\,10 \cdot 0{,}100 = 291{,}3 \text{ kcal/kg};$$

bei $t = 20°$ C ist s bezogen auf $s_0 = 1{,}0000$ bei $t_0 = 0°$ C gleich

$$s' = 1{,}0785 \quad \text{und} \quad s'' = 2{,}0459 \text{ kcal/kg} \cdot \text{Grad};$$

$$s = s' + x\,\frac{r}{T} = 1{,}0785 + 0{,}668 \cdot \frac{283{,}5}{293} = 1{,}7249 \text{ kcal/kg} \cdot \text{Grad}.$$

Aufgabe 87. Ein Flammrohrkessel gibt Wasserdampf von 9 at abs und 6 vH Dampffeuchtigkeit ab. Wie groß sind Temperatur, Volumen, Enthalpie und innere Energie von 1 t Dampf?

Zu 9 at abs Sättigungsdruck gehören:

$$v' = 0{,}0011 \quad \text{und} \quad v'' = 0{,}2189 \text{ m}^3/\text{kg}; \quad t = 174{,}5°\text{ C};$$

$$i' = 176{,}4 \quad \text{und} \quad i'' = 662{,}0 \text{ kcal/kg};$$

$$u' = i' - A P v' = 176{,}4 - \frac{1}{427} 9 \cdot 10^4 \cdot 0{,}0011 = 176{,}2 \text{ kcal/kg};$$

$$u'' = i'' - A P v'' = 662{,}0 - \frac{1}{427} 9 \cdot 10^4 \cdot 0{,}2189 = 615{,}9 \text{ kcal/kg};$$

Zu $p = 9$ at abs und $x = 0{,}94$ kg/kg gehören:

$$v = v' + x\,(v'' - v') = 0{,}0011 + 0{,}94 \cdot (0{,}2189 - 0{,}0011)$$
$$= 0{,}2058 \text{ m}^3/\text{kg};$$

$$i = i' + x\,(i'' - i') = 176{,}4 + 0{,}94 \cdot (662{,}0 - 176{,}4)$$
$$= 632{,}9 \text{ kcal/kg};$$

$$u = u' + x\,(u'' - u') = 176{,}2 + 0{,}94 \cdot (615{,}9 - 176{,}2)$$
$$= 589{,}5 \text{ kcal/kg};$$

Zustandswerte für 1 t Dampf:

$$V = 205{,}8 \text{ m}^3; \quad I = 632\,900 \text{ kcal/kg}; \quad U = 589\,500 \text{ kcal/kg}.$$

Aufgabe 88. $V_1 = 4$ m³ Kohlendioxyd-Dampf von $t_1 = t = -10°$ C und $x_1 = 0{,}88$ kg/kg sind bei konstantem Druck zu trocknen. Welche Wärmemenge muß zugeführt werden?

Zu $t = -10°$ C und $x = 0{,}88$ kg/kg gehören:

$$v' = 0{,}0010 \quad \text{und} \quad v'' = 0{,}0142 \text{ m}^3/\text{kg};$$

$$v = 0{,}0010 + 0{,}88 \cdot (0{,}0142 - 0{,}0010) = 0{,}0126 \text{ m}^3/\text{kg};$$

Gewicht $G = V/v = 4{,}000/0{,}0126 = 317{,}5$ kg;

$$i' = 94{,}1 \quad \text{und} \quad i'' = 156{,}6 \quad \text{und} \quad r = 62{,}5 \text{ kcal/kg};$$

$$i = i' + xr = 94{,}1 + 0.88 \cdot 62{,}5 = 149{,}1 \text{ kcal/kg};$$

Wärmezufuhr:

$$Q_{12} = G(i'' - i) = 317{,}5 \cdot (156{,}6 - 149{,}1) = 2381 \text{ kcal.}$$

Aufgabe 89. Ein Behälter von $V = 10$ m³ Fassungsraum ist mit trockengesättigtem Schwefeldioxyd-Dampf ($x = 1$) von $+25°$ C gefüllt. Welche Wärmemenge ist ihm zu entziehen, damit die Temperatur auf $-25°$ C zurückgeht? Welche Menge fällt an flüssigem Schwefeldioxyd aus, und wie groß ist die spezifische Dampfmenge x nach der Abkühlung?

Zu $t_1 = +25°$ C gehören $p_1 = 3{,}980$ at abs und

$$v_1 = v_1'' = 0{,}093 \quad \text{und} \quad v_1' = 0{,}0007 \text{ m}^3/\text{kg.}$$

Das Dampfgewicht ist $G = V/v_1 = 10/0{,}093 = 107{,}5$ kg.

Da v_1' nahezu $= v_2' = 0{,}0007$ bei $t_2 = -25°$ C ist, kann gelten bei $v = $ konst.

$$x_2 = x_1 \frac{v_1''}{v_2''} = 1 \cdot \frac{0{,}093}{0{,}641} = 0{,}145 \text{ kg/kg}$$

mit $v_2'' = 0{,}641$ m³/kg zu $t_2 = -25°$ C. Ferner ist $p_2 = 0{,}504$ at abs und

$$i_1'' = 192{,}9 \quad \text{und} \quad i_2' = 92{,}4 \quad \text{und} \quad i_2'' = 187{,}8 \text{ kcal/kg} \quad \text{und}$$

$$u_1 = u_1'' = i_1'' - AP_1 v_1'' = 192{,}9 - \frac{1}{427} \cdot 39\,800 \cdot 0{,}093 = 184{,}2 \text{ kcal/kg.}$$

$$u_2 = i_2' + x_2(i_2'' - i_2') - AP_2 x_2 v_2''$$

$$= 92{,}4 + 0{,}145 \cdot 95{,}4 - \frac{1}{427} \cdot 5040 \cdot 0{,}145 \cdot 0{,}641 = 105{,}1 \text{ kcal/kg};$$

Wärmeentzug:

$$Q_{12} = G(u_2 - u_1) = 107{,}5 \cdot (105{,}1 - 184{,}2) = -8503 \text{ kcal};$$

ausgefallene Flüssigkeit

$$G(1 - x_2) = 107{,}5 \cdot 0{,}855 = 91{,}9 \text{ kg.}$$

Aufgabe 90. In einem Behälter von $V = 7{,}264$ m² Inhalt befinden sich 311 kg Wasser unter $p_1 = 0{,}950$ at abs und zugehöriger Sättigungstemperatur. Der übrige Raum ist mit Dampf gefüllt. Es wird Wärme zugeführt, bis der Druck auf 68 at abs gestiegen ist. Wieviel Wärme ist zuzuführen? Wieviel Wasser und wieviel Dampf sind am Ende vorhanden, wenn angenommen wird, daß der Dampfanteil trockengesättigt ist? Was geschieht, wenn der Druck infolge Wärmezufuhr bis auf 88 at abs steigt?

Wasservolumen $V_{W1} = G_{W1} v_1' = 311 \cdot 0,00104 = 0,324\ \text{m}^3$;

$$\text{bei } p_1 = 0,950 \text{ at abs ist } t_1 = 97,66^\circ\text{ C und}$$
$$v_1' = 0,00104 \quad \text{und} \quad v_1'' = 1,810\ \text{m}^3/\text{kg},$$
$$\text{bei } p_2 = 68 \text{ at abs ist } t_2 = 282,54^\circ\text{ C und}$$
$$v_2' = 0,00134 \quad \text{und} \quad v_2'' = 0,02886\ \text{m}^3/\text{kg}.$$

Dampfgewicht am Anfang aus Dampfvolumen

$V_{D1} = 7,264 - 0,324 = 6,940\ \text{m}^3$;

Dampfgewicht

$G_{D1} = V_{D1}/v_1'' = 6,940/1,810$
$= 3,834\ \text{kg}$;

spezifische Dampfmenge am Anfang

$x_1 = G_{D1}/(G_{D1} + G_{W1})$
$= 3,834/314,83 = 0,0122\ \text{kg/kg}$;

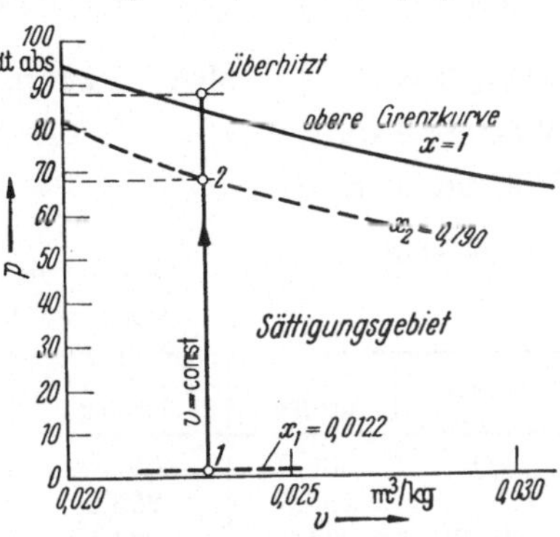

Abb. 33. Zustandsänderung von gesättigtem Wasserdampf nach Aufgabe 90.

spezifisches Volumen am Anfang

$$v_1 = (V_{W1} + V_{D1})/(G_{D1} + G_{W1}) = V/G = 7,264/314,83 = 0,02307\ \text{m}^3/\text{kg};$$
$$v_1 = v_2$$
$$x_2 = \frac{v_1 - v_2'}{v_2'' - v_2'} = \frac{0,02307 - 0,00134}{0,02886 - 0,00134} = 0,790\ \text{kg/kg};$$

mit der spezifischen Dampfmenge am Ende errechnet sich am Ende

Dampfgewicht $G_{D2} = x_2 (G_{D1} + G_{W1}) = 0,790 \cdot 314,83 = 248,59\ \text{kg}$;

Wassergewicht $G_{W2} = 314,83 - 248,59 = 66,24\ \text{kg}$.

Enthalpie am

Anfang $i_1 = 97,68 + 0,0122 \cdot 540,3 = 104,26\ \text{kcal/kg}$ und am

Ende $\quad i_2 = 298,5 + 0,790 \cdot 364,2 = 586,10\ \text{kcal/kg}$.

Wärmezufuhr:

$$Q_{12} = G(u_2 - u_1) = G(i_2 - A P_2 v_1 - i_1 + A P_1 v_1)$$
$$= 314,83 \left[586,10 - 104,26 - \frac{0,02307}{427} \cdot (68,0 - 0,95) 10^4 \right] = 140\,000\ \text{kcal}.$$

Wenn $p_2 = 88$ at abs ist, dann gehört dazu

$$v_2' = 0,00141 \quad \text{und} \quad v_2'' = 0,02152\ \text{m}^3/\text{kg},$$

und mit $v_2 = v_1 = 0,02307\ \text{m}^3/\text{kg}$ ist

$$x_2 = \frac{0,02307 - 0,00141}{0,02152 - 0,00141} = 1,077 > 1,0.$$

In diesem Zustand ist der Dampf überhitzt, siehe Abb. 33.

Aufgabe 91. Der Abdampf aus einer Kondensationsturbine tritt trockengesättigt in den Kondensator ein, der unter 96 vH Vakuum stehen möge. Barometerstand 743 Torr. Das Kondensat läuft mit $26°$ C ab. Die Temperatur des Kühlwassers steigt von 12 auf $23°$ C. Welches Verhältnis von Kühlwasser zu Dampf wurde angewandt?

Dampfdruck $\quad p = \dfrac{743}{736} \cdot 0{,}04 = 0{,}0404$ at abs;

Temperatur $\quad t = 28{,}8°$ C zu p, wobei $r = 581{,}1$ kcal/kg ist.

Wärmeabfuhr $q = r + c\,\varDelta t = 581{,}1 + 1\,(28{,}8 - 26) = 583{,}9$ kcal/kg;

Wärmeaustausch:
$$G_D\, q = G_W\,(t_2 - t_1).$$

Verhältnis:
$$\frac{G_W}{G_D} = \frac{583{,}9}{11} = 53{,}1 \,\text{fach}.$$

Dampf	r kcal/kg	$q = (1 - x)\,r$ kcal/kg	$1000/q$ kg
H_2O	586,0	527,4	1,90
NH_3	283,5	255,2	3,92
CH_3Cl	91,7	82,5	12,12
SO_2	86,0	77,4	12,92
CH_2Cl_2	82,1	73,9	13,59
CO_2	37,1	33,4	29,94
CCl_2F_2	34,5	31,1	32,20

Aufgabe 92. Wieviel kg Dampf von $t = 20°$ C und $x = 0{,}1$ kg/kg spezifischer Dampfmenge können bis zur trockenen Sättigung bei gleichbleibendem Druck 1000 kcal Wärme aufnehmen? Zu vergleichen sind Wasserdampf H_2O, Dampf von Ammoniak NH_3, von Methylchlorid CH_3Cl, Schwefeldioxyd SO_2, Methylenchlorid CH_2Cl_2, Kohlendioxyd CO_2 und Freon 12 CCl_2F_2.

Die Wärmeaufnahme je kg ist $q = (1 - x)\,r$.

1000 kcal werden mithin durch $1000/q$ kg Dampf aufgenommen. Die Wärmemenge kann von um so weniger kg Dampf aufgenommen werden, je größer die Verdampfungswärme ist.

Aufgabe 93. Ein Dampfkessel erzeugt stündlich $G = 10$ t Sattdampf, dessen Volumen bei $p = 10$ at abs $V = 1910$ m³ ist. Wie groß sind Temperatur, spezifische Dampfmenge und Enthalpie des Wasserdampfes?

Zu $p = 10$ at abs gehören $t = 179{,}0°$ C und

$$v' = 0{,}0011 \quad \text{und} \quad v'' = 0{,}1981 \text{ m}^3/\text{kg};$$

$$i' = 181{,}2 \quad \text{und} \quad r = 481{,}8 \text{ kcal/kg}.$$

$$v = V/G = 1910/10\,000 = 0{,}1910 \text{ m}^3/\text{kg};$$

$$x = \frac{v - v'}{v'' - v'} = \frac{0{,}1910 - 0{,}0011}{0{,}1981 - 0{,}0011} = 0{,}964 \text{ kg/kg};$$

$$i = i' + x\,r = 181{,}2 + 0{,}964 \cdot 481{,}8 = 645{,}7 \text{ kcal/kg};$$

$$I = G\,i = 10\,000 \cdot 645{,}7 = 645{,}7 \cdot 10^4 \text{ kcal/h}.$$

Aufgabe 94. Bei einem Vorgang wird gesättigtem Ammoniakdampf bei unveränderlicher Temperatur von $t_1 = -40°$ C Wärme zugeführt, bis seine spezifische Dampfmenge von $x_1 = 0,12$ auf x_2 gestiegen ist, siehe hierzu Abb. 34. Anschließend wird der Dampf adiabatisch auf $p_3 = 11,90$ at abs verdichtet, wodurch er trockengesättigt wird ($x_3 = 1,0$). Wie groß ist der Wert x_2? Wie groß ist der (rechnerische) Exponent der Adiabate gemäß einer Beziehung $pv^\varkappa = $ konst.? Wie groß wäre der (rechnerische) Exponent einer Polytrope,

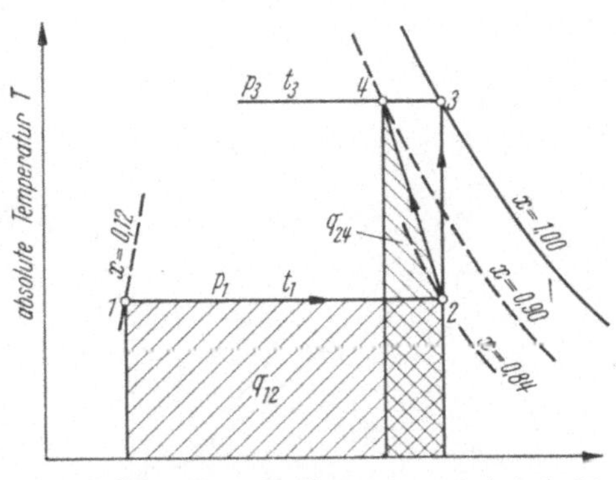

Abb. 34. Darstellung des Vorganges nach Aufgabe 94 im T,s-Diagramm.

wenn sich nach der Verdichtung ein Wert $x_4 = 0,90$ einstellt? Wieviel Wärme hat der Dampf aufgenommen?

Es gehören zu $t_1 = -40°$ C; $T_1 = 233°$ K; $p_1 = 0,732$ at abs und zu

$$p_3 = 11,90 \text{ at abs}; \quad t_3 = +30° \text{ C}; \quad T_3 = 303° \text{ K}$$

sowie

zu $t_1 = -40°$ C	zu $t_3 = +30°$C
$v_1' = 0,0014$; $\quad v_1'' = 1,55$ m³/kg;	$v_3' = 0,0017$; $\quad v_3'' = 0,111$;
$s' = 0,830$; $\quad s_1'' = 2,251$;	$s_3' = 1,117$; $\quad s_3'' = 2,019$;

(s bezogen auf $s_0' = 1,000$ bei $t_0 = 0°$ C in kcal/kg · Grad.)

$$x_2 = \frac{s_3'' - s_1'}{s_1'' - s_1'} = \frac{2,019 - 0,830}{1,421} = 0,837 \text{ kg/kg};$$

$$v_2 \approx x_2 v_1'' = 0,837 \cdot 1,55 = 1,297 \approx 1,30 \text{ m}^3/\text{kg}.$$

Aus $pv^\varkappa = $ konst. folgt

$$\lg p_1 + \varkappa \lg v_2 = \lg p_3 + \varkappa \lg v_3''$$

und

$$\varkappa = \frac{\lg p_3 - \lg p_1}{\lg v_2 - \lg v_3''} = \frac{1,0756 - 0,8645 + 1}{0,1129 - 0,0453 + 1} = 1,134.$$

Wenn $x_4 = 0,90$ ist, so ist $v_4 \approx x_4 v_3'' = 0,90 \cdot 0,111 = 0,100$ m³/kg und

$$n = \frac{1,0756 - 0,8645 + 1}{0,1129 - 0,9996 + 2} = 1,088.$$

Wärmezufuhr auf dem Wege *123* bei adiabatischer Verdichtung mit

und
$$s_1 = s_1' + x_1 (s_1'' - s_1') = 0,830 + 0,12 \cdot 1,421 = 1,000$$

und

$$q_{13} = q_{12} = T_1 (s_3'' - s_1) = 233 \cdot (2,019 - 1,000) = 237,4 \text{ kcal/kg}.$$

Wärmezufuhr auf dem Wege *1 2 4* bei polytropischer Verdichtung unter der (zulässigen) Annahme, daß sich die polytropische Zustandslinie im T, s-Diagramm als Gerade abbildet:

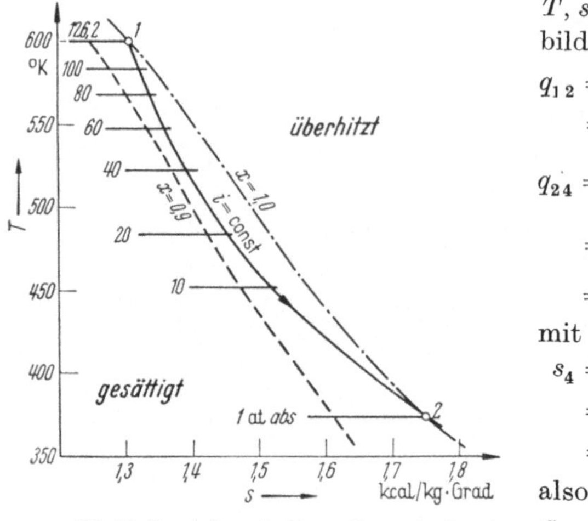

Abb. 35. Darstellung der Drosselkurve $i = $ konst. zu Aufgabe 95 im T,s-Diagramm.

$$q_{12} = T_1 \, (s_3'' - s_1)$$
$$= 237,4 \text{ kcal/kg};$$

$$q_{24} = \frac{1}{2} \, (T_3 + T_1) \, (s_4 - s_3'')$$
$$= \frac{303 + 233}{2} \, (1,929 - 2,019)$$
$$= - 24,2 \text{ kcal/kg}$$

mit

$$s_4 = s_3' + x_4 \, (s_3'' - s_3')$$
$$= 1,117 + 0,90 \cdot (2,019 - 1,117)$$
$$= 1,929 \text{ kcal/kg} \cdot \text{Grad},$$

also

$$q_{14} = 237,4 - 24,2$$
$$= 213,2 \text{ kcal/kg}.$$

Aufgabe 95. Trockengesättigter Wasserdampf welchen Druckes gibt bei Drosselung auf 1 at abs gerade wieder trockengesättigten Dampf? Wie ändert sich die spezifische Dampfmenge x während der Drosselung? Zeichne den Vorgang in einem Ausschnitt aus dem T, s-Diagramm auf!

$i = $ konst. Bei $p_2 = 1$ at abs ist $i_2'' = 638,5$ kcal/kg. Bei $p_1 = 126,2$ at abs ist $i_1'' = 638,5 = i_2''$. Es ist

$$x = \frac{i_2'' - i'}{r} = \frac{638,5 - i'}{r} \, .$$

p at abs	i'	$r = i'' - i'$	$638,5 - i'$	x kg/kg	T ° K	s kcal/kg · Grad
		kcal/kg				
126,2	—	—	—	1,000	600	1,305
120	353,9	288,0	284,6	0,989	596	1,309
100	334,0	317,1	304,5	0,961	583	1,319
80	312,6	346,3	325,9	0,941	567	1,337
60	288,4	376,6	350,1	0,930	547	1,360
40	258,2	410,8	380,3	0,926	522	1,393
20	215,8	452,7	422,7	0,934	484	1,454
10	181,2	481,8	457,3	0,949	452	1,520
1	—	—	—	1,000	372	1,759

Der Dampf wird beim Drosseln zunächst nasser, bis er bei p etwa 40 at abs seine größte Feuchtigkeit erreicht. Dann wird er wieder trockener. Sowohl p als auch t fallen mit fortschreitender Drosselung, während die Entropie zunimmt. Siehe hierzu Abb. 35.

Aufgabe 96. Ammoniakdampf von $p_1 = 10{,}23$ at abs und $t_1 = 25^\circ$ C und $x_1 = 0{,}05$ wird auf 0,95 at abs, $t_2 = -35^\circ$ C gedrosselt. Welches ist der Endzustand?

Zu $p_1 = 10{,}23$ at abs gehören $i_1' = 128{,}1$ und $r_1 = 278{,}7$ kcal/kg;

$$i_1 = 128{,}1 + 0{,}05 \cdot 278{,}7 = 142{,}0 \text{ kcal/kg} = i_2;$$

zu $p_2 = 0{,}95$ at abs gehören

$$i_2' = 62{,}1 \quad \text{und} \quad r_2 = 327{,}9 \text{ kcal/kg} \quad \text{sowie} \quad v_2'' = 1{,}22 \text{ m}^3/\text{kg};$$

$$x_2 = \frac{i_1 - i_2'}{r} = \frac{142{,}0 - 62{,}1}{327{,}9} = 0{,}244 \text{ kg/kg};$$

$$v_2 \approx x_2 v_2'' = 0{,}244 \cdot 1{,}22 = 0{,}299 \text{ m}^3/\text{kg}.$$

Aufgabe 97. Trockengesättigter Kohlendioxyd-Dampf soll sich von $p_1 = 40{,}50$ at abs derart auf $p_2 = 10{,}25$ at abs ausdehnen, daß er ständig trocken bleibt. Ist dabei Wärme zu- oder abzuführen und wieviel? Welche mechanische Arbeit wird dabei geleistet?

p at abs	v'' m³/kg	T °K	s'' kcal/kg · Grad
40,50	0,00885	278	1,1985
35,54	0,0104	273	1,2055
31,05	0,0121	368	1,2109
26,99	0,0142	263	1,2163
23,34	0,0166	258	1,2218
20,06	0,0195	253	1,2272
17,14	0,0229	248	1,2328
14,55	0,0270	243	1,2385
12,26	0,0320	238	1,2443
10,25	0,0382	233	1,2503

Setzt man für $T = f(s)$ eine Gleichung an

$$T = a + bs + cs^2,$$

so findet man im Bereich

$$T = 2042 - 2035\,s + 470{,}2\,s^2.$$

Mit dieser Beziehung ergeben sich z. B. genau

$$T = 278,\ 268,\ 253 \text{ und } 233^\circ \text{ K.}$$

Man erhält damit

$$q_{12} = \int_1^2 T\,ds = 2042\,(s_2 - s_1) - \frac{2035}{2}\,(s_2^2 - s_1^2) + \frac{470{,}2}{3}\,(s_2^3 - s_1^3)$$

und mit $s_2 = 1{,}2503$ und $s_1 = 1{,}1985$ schließlich

$$q_{12} = 105{,}8 - 127{,}2 + 36{,}2 = +14{,}8 \text{ kcal/kg,}$$

also Wärmezufuhr. Mit der Näherungsgleichung ergibt sich zu wenig, nämlich

$$q_{12} \approx \frac{T_2 + T_1}{2}\,(s_2 - s_1) = 255{,}5 \cdot 0{,}0518 = 13{,}2 \text{ kcal/kg,}$$

d. h. die Grenzkurve ist im Bereich im T, s-Diagramm konvex. Mit

und
$$i_1'' = 155{,}5 \text{ kcal/kg} \quad \text{zu} \quad p_1 = 40{,}50 \text{ at abs}$$

findet man
$$i_2'' = 156{,}2 \text{ kcal/kg} \quad \text{zu} \quad p_2 = 10{,}25 \text{ at abs}$$

$$u_1'' = i_1'' - A\,P_1\,v_1'' = 155{,}5 - \frac{1}{427}\,10^4 \cdot 40{,}50 \cdot 0{,}00885 = 147{,}1 \text{ kcal/kg};$$

$$u_2'' = i_2'' - A\,P_2\,v_2'' = 156{,}2 - \frac{1}{427}\,10^4 \cdot 10{,}25 \cdot 0{,}0382 = 147{,}1 \text{ kcal/kg}.$$

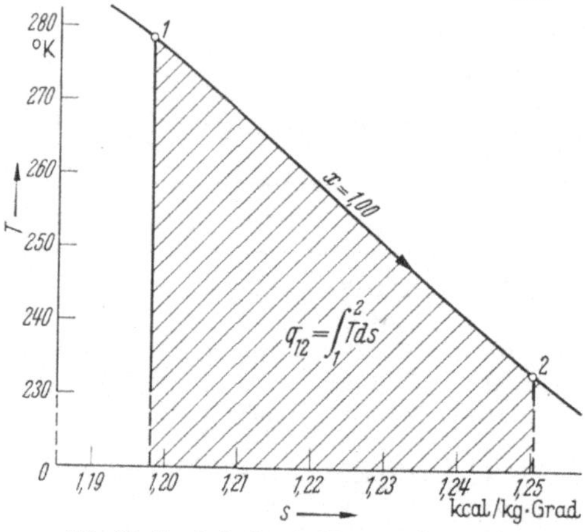

Abb. 36. Zu Aufgabe 97. Wärmezufuhr bei einer Zustandsänderung längs der oberen Grenzkurve ($x = 1{,}0$) bei Kohlendioxyd.

Bei dieser Zustandsänderung ergibt sich im betrachteten Bereich $u_1 = u_2$, d. h. die innere Energie ändert sich nicht, obwohl die Temperatur von $+5^\circ$ C auf -40° C fällt. Die Arbeit ist

$$A\,l_{12} = q_{12} - u_{21} = 14{,}8 \text{ kcal}$$

oder

$$6320 \text{ mkg/kg}.$$

Siehe hierzu die zeichnerische Darstellung im T, s-Diagramm Abb. 36.

Aufgabe 98. Um die Feuchtigkeit von Wasserdampf zu bestimmen, wird aus einer Sattdampfleitung mit $p_1 = 8$ at abs ein Teilstrom entnommen und auf $p_2 = 1$ at abs gedrosselt. Die Temperatur hinter dem Drosselventil wird zu $t_2 = 112^\circ$ C gemessen. Wie groß ist x_1?

$$\text{Zu } p_1 = 8 \text{ at abs} \quad \text{gehören} \quad i_1' = 171{,}3 \quad \text{und} \quad r_1 = 489{,}5 \text{ kcal/kg};$$

$$\text{zu } p_2 = 1 \text{ at abs} \quad \text{gehören} \quad t_{S2} = 99{,}1^\circ \text{ C}; \quad i_2'' = 638{,}5 \text{ kcal/kg}.$$

$i_1 = i_2 =$ konst. Da $t_2 = 112^\circ$ C größer als die Sättigungstemperatur von $t_{S2} = 99{,}1^\circ$ C ist, ist der Dampf am Ende überhitzt. Bei $c_p = 0{,}47$ kcal/kg · Grad ist die Überhitzungswärme

$$i_2 - i_2'' = c_p\,(t_2 - t_{S2}).$$

Aus

folgt
$$i_1 = i_1' + x_1 r_1 = i_2'' + c_p\,(t_2 - t_{S2})$$

$$x_1 = \frac{i_2'' - i_1' + c_p\,(t_2 - t_{S2})}{r_1} = \frac{638{,}5 - 171{,}3 + 0{,}47 \cdot 12{,}9}{489{,}5} = 0{,}967 \text{ kg/kg}.$$

Aufgabe 99. Gesättigter Wasserdampf erleidet eine Zustandsänderung von $p_1 = 40$ at abs, $x_1 = 0{,}95$ nach $p_2 = 4$ at abs, $x_2 = 0{,}22$ derart, daß sich die Zustandslinie im T, s-Diagramm als Gerade abbildet. Welche Wärmemenge wird dabei ausgetauscht und welche mechanische Arbeit wird dabei geleistet?

Zu $p_1 = 40$ at abs, $\quad x_1 = 0,95 \quad$ gehören $\quad t_1 = 249,2°$ C

und
$$s_1' = 0,665 \quad \text{und} \quad s_1'' = 1,451$$

und
$$s_1 = s_1' + x_1 (s_1'' - s_1') = 0,665 + 0,95 \cdot 0,786 = 1,412 \text{ kcal/kg} \cdot \text{Grad}$$

$$i_1' = 258,2 \quad \text{und} \quad r_1 = 410,8 \text{ kcal/kg}$$

und
$$i_1 = i_1' + x_1 r_1 = 258,2 + 0,95 \cdot 410,8 = 684,5 \text{ kcal/kg};$$

$$v_1' = 0,001\,25 \quad \text{und} \quad v_1'' = 0,057\,08$$

und
$$v_1 = 0,001\,25 + 0,95 \cdot (0,057\,08 - 0,001\,25) = 0,048\,30 \text{ m}^3\text{/kg}.$$

Aus $u = i - A P v$ folgt

$$u_1 = 648,5 - \frac{1}{427}\,40 \cdot 10^4 \cdot 0,0483 = 603,3 \text{ kcal/kg}.$$

Zu $p_2 = 4$ at abs, $\quad x_2 = 0,22 \quad$ gehören $\quad t_2 = 142,9°$ C
und
$$s_2' = 0,422 \quad \text{und} \quad s_2'' = 1,647$$

und
$$s_2 = 0,422 + 0,22 \cdot 1,225 = 0,692 \text{ kcal/kg} \cdot \text{Grad};$$

$$i_2' = 143,6 \quad \text{und} \quad r_2 = 509,8 \text{ kcal/kg}$$

und
$$i_2 = 143,6 + 0,22 \cdot 509,8 = 255,8 \text{ kcal/kg};$$

$$v_2' = 0,0011 \quad \text{und} \quad v_2'' = 0,4706$$

und
$$v_2 = 0,0011 + 0,22 \cdot (0,4706 - 0,0011) = 0,1044 \text{ m}^3\text{/kg};$$

$$u_2 = 255,8 - \frac{1}{427}\,4 \cdot 10^4 \cdot 0,1044 = 246,0 \text{ kcal/kg}.$$

Wärmeaustausch:

$$q_{12} = \frac{1}{2}\,(T_2 + T_1)\,(s_2 - s_1) = \frac{415,9 + 522,2}{2}\,(0,692 - 1,412)$$

$$= -337,9 \text{ kcal/kg}.$$

Es wird also Wärme entzogen. Aus $q_{12} = u_{21} + A\,l_{12}$ folgt für die mechanische Arbeit

$$A\,l_{12} = -337{,}9 - 246{,}0 + 603{,}3 = +19{,}4 \text{ kcal/kg}$$

oder

$$l_{12} = 427 \cdot 19{,}4 = 8284 \text{ mkg/kg}.$$

Es wird Arbeit geleistet.

Aufgabe 100. Wasserdampf expandiert adiabatisch von $p_1 = 80$ at abs, $x_1 = 1{,}0$ auf $p_2 = 1$ at abs. Wie groß ist der Exponent $\varkappa$ der (rechnerischen) Beziehung $p\,v^{\varkappa} = \text{konst.}$? Wie groß ist er bei Expansion von $p_k = 225{,}4$ at abs (krit. Druck)?

$$p_1 = 80 \text{ at abs}; \quad v_1 = v_1'' = 0{,}024\,04 \text{ m}^3/\text{kg};$$

$$s_1 = s_1'' = 1{,}373 \text{ kcal/kg} \cdot \text{Grad}; \quad p_2 = 1 \text{ at abs};$$

$$s_2 = s_1'' = 1{,}373; \quad s_2' = 0{,}310$$

und

$$s_2'' - s_2' = 1{,}449; \quad v_2'' = 1{,}725 \text{ m}^3/\text{kg}.$$

$$x_2 = \frac{s_1'' - s_2'}{s_2'' - s_2'} = \frac{1{,}373 - 0{,}310}{1{,}449} = 0{,}734 \text{ kg/kg};$$

$$v_2 \approx x_2\,v_2'' = 0{,}734 \cdot 1{,}725 = 1{,}266 \text{ m}^3/\text{kg}.$$

$$\varkappa = \frac{\lg p_1 - \lg p_2}{\lg v_2 - \lg v_1} = \frac{\lg 80}{\lg 52{,}66} = \frac{1{,}9031}{1{,}7215} = 1{,}105.$$

$$p_k = 225{,}4 \text{ at abs}; \quad v_k = 0{,}003\,14 \text{ m}^3/\text{kg}; \quad s_k = 1{,}058 \text{ kcal/kg} \cdot \text{Grad};$$

$$x_2 = \frac{1{,}058 - 0{,}310}{1{,}449} = 0{,}516 \text{ kg/kg};$$

$$v_2 \approx x_2 v_2'' = 0{,}516 \cdot 1{,}725 = 0{,}891 \text{ m}^3/\text{kg};$$

$$\varkappa = 2{,}353/2{,}453 = 0{,}959.$$

Aufgabe 101. Zeichne die Dampfdruckkurve von Kohlendioxyd im Bereich von -30 bis $-100°$ C in einem p, t-Diagramm auf und bestimme die Verdampfungswärmen bzw. Sublimationswärmen.

Nach der *Clapeyron*schen Gleichung gilt

$$r = \frac{dp}{dt}\,10^4\,\frac{T}{427}\,(v'' - v') \text{ kcal/kg}.$$

Gemessen wurden zu t folgende Werte für p und $\varDelta v = v'' - v'$. Dazu ermittelt man die Kurvenneigung dp/dt und errechnet man die Verdampfungswärmen r.

t	T	p	$v'' - v'$	$\dfrac{dp}{dt}$	r
°C	°K	at abs	m³/kg	—	kcal/kg
flüssig — dampfförmig					
— 30	243	14,55	0,0261	0,487	72,4
— 40	233	10,25	0,0373	0,376	76,6
— 50	223	6,97	0,0545	0,283	80,6
— 56,6	216,4	5,28	0,0714	0,230	83,1
fest — dampfförmig					
— 56,6	216,4	5,28	0,0715	0,359	129,9
— 60	213	4,18	0,0905	0,291	131,4
— 70	203	2,02	0,1848	0,154	134,9
— 80	193	0,914	0,398	0,0762	137,1
— 90	183	0,379	0,920	0,0352	138,6
—100	173	0,142	2,336	0,0148	139,8

Siehe hierzu Abb. 37. Im Tripelpunkt kann die feste, flüssige und dampfförmige Phase nebeneinander bestehen.

Aufgabe 102. Wie groß ist die technische Arbeitsfähigkeit und die absolute Dampfarbeit von gesättigtem Wasserdampf mit $p_1 = 40$ at abs, $x_1 = 0,98$ kg/kg, wenn der Gegendruck $p_2 = 0,95$ at abs beträgt?

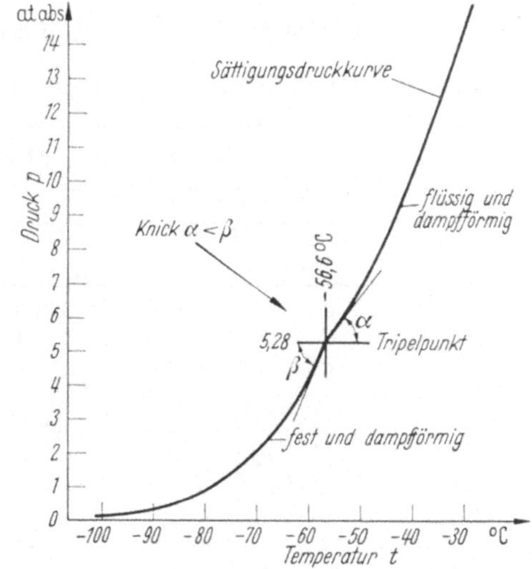

Abb. 37. Dampfdruckkurve von Kohlendioxyd im Bereich um den Tripelpunkt. Zu Aufgabe 101.

$$\operatorname{tg} \alpha = 83{,}1 < \operatorname{tg} \beta = 129{,}9.$$

$$x_2 = \frac{s_1 - s_2'}{s_2'' - s_2'}$$

$$= 0{,}775 \text{ kg/kg};$$

$$A\,l_{12}' = i_1 - i_2$$

$$= 144{,}2 \text{ kcal/kg};$$

$$A\,l_{12} = u_1 - u_2$$

$$= 128{,}8 \text{ kcal/kg};$$

$$\varkappa = \frac{i_1 - i_2}{u_1 - u_2}$$

$$= \frac{A\,l_{12}'}{A\,l_{12}} = 1{,}12.$$

p	40	0,95	at abs
t	249,2	97,7	°C
i'	258,2	97,7	kcal/kg
r	410,8	540,3	kcal/kg
s'	0,665	0,306	kcal/kg · Grad
s''	1,451	1,763	kcal/kg · Grad
v'	0,00125	0,001	m³/kg
v''	0,05708	1,810	m³/kg
i	660,8	516,6	kcal/kg
s	1,436	1,436	kcal/kg · Grad
v	0,0498	1,404	m³/kg
u	614,2	485,4	kcal/kg

Aufgabe 103. Gesättigter Wasserdampf von 15 at abs und $x = 0,97$ verliert durch Reibung in der Rohrleitung vom Kessel bis zur Maschine 0,4 at. Wie groß ist der Verlust an technischer Arbeitsfähigkeit?

$$\left(\frac{\partial s}{\partial P}\right)_i = -A\,\frac{v}{T}\,;\qquad s_2 - s_1 \approx A\,\frac{v_m}{T_m}\,(P_1 - P_2)\,;$$

Mit
$$A\,l'_{10} - A\,l'_{20} = \Delta A\,l' = T_u(s_2 - s_1) = A\,\frac{T_u}{T_m}\,v_m(P_1 - P_2).$$

$$v_m \approx v_1 = x_1 v''_1 = 0,97 \cdot 0,1343 = 0,1303 \text{ m}^3/\text{kg};$$

$$T_m \approx T_1 = 197,4 + 273 = 470,4^\circ \text{ K};$$

$$t_u = 99^\circ \text{ C};\qquad p_u = 1 \text{ at abs};\qquad T_u = 372^\circ \text{ K}$$

erhält man

$$\Delta A\,l' = \frac{1}{427}\,\frac{372}{470,4}\,0,1303 \cdot 10^4 \cdot 0,4 = 0,965 \text{ kcal/kg};$$

$$\Delta l' = 427 \cdot 0,965 = 412 \text{ mkg/kg}.$$

Aufgabe 104. Welche Wärmemenge ist nötig, um überhitzten Dampf von 15, 25, 40 und 100 at abs und je 450° C aus Wasser von 20° C zu erzeugen? Wie groß sind Flüssigkeits-, Verdampfungs- und Überhitzungswärme? In kcal/kg ist zu:

$\begin{matrix}p\\t_a\end{matrix}$	$\begin{matrix}15\\20\end{matrix}$	$\begin{matrix}25\\20\end{matrix}$	$\begin{matrix}40\\20\end{matrix}$	$\begin{matrix}100\\20\end{matrix}$
i'	200,6	228,5	258,2	334,0
i''	666,6	669,4	669,0	651,1
r	466,0	440,9	410,8	317,1
$i' - t_a = q_f$	180,6	208,5	238,2	314,0
i_2	802,4	799,3	794,6	774,7
$i_2 - i'' = q_u$	135,8	129,9	125,6	123,6
$i_2 - t_a = q$	782,4	779,3	774,6	754,7

mit q_f als Flüssigkeitswärme, r als Verdampfungswärme und $q_{\ddot u}$ als Überhitzungswärme in kcal/kg. $q = q_f + r + q_{\ddot u}$ ist die gesamte Wärmezufuhr je kg.

Aufgabe 105. 25 kg Dampf von 25 at abs und $x_1 = 0,96$ sollen bei unveränderlichem Druck auf 425° C überhitzt werden. Wie groß sind Wärmezufuhr, Überhitzung und Raumzunahme? Welche äußere Arbeit wird bei der Zustandsänderung geleistet? Siehe hierzu Abb. 38.

Zu 25 at abs: $i'_1 = 228,5$; $r_1 = 440,9$; $i''_1 = 669,4$; $t_S = 222,9^\circ$ C;

$$i_1 = i'_1 + x_1 r_1 = 228,5 + 0,96 \cdot 440,9 = 651,8 \text{ kcal/kg};$$

$$I_1 = G i_1 = 25 \cdot 651,8 = 16295 \text{ kcal};\qquad I''_1 = 25 \cdot 669,4 = 16735;$$

zu 25 at abs und 425° C: $i_2 = 786,0$ kcal/kg;

$$I_2 = G i_2 = 25 \cdot 786,0 = 19650 \text{ kcal.}$$

Wärmezufuhr bis zur trockenen Sättigung $I_1'' - I_1 = 440$ kcal;

Wärmezufuhr im überhitzten Gebiet $I_2 - I_1'' = 2915$ kcal;

Wärmezufuhr insgesamt $Q_{12} = I_2 - I_1 = 3355$ kcal;

Überhitzung um

$$t_2 - t_1 = t_2 - t_S$$
$$= 425 - 222,9 = 202,1^\circ$$

zu 25 at abs:

$$v_1' = 0,0012$$

und

$$v_1'' = 0,0816 \ \text{m}^3/\text{kg};$$
$$v_1 = v_1' + x_1 (v_1'' - v_1')$$
$$= 0,0012 + 0,96 \times$$
$$\times (0,0816 - 0,0012)$$
$$= 0,0783 \ \text{m}^3/\text{kg};$$
$$V_1 = G v_1 = 25 \cdot 0,0783$$
$$= 1,958 \ \text{m}^3;$$

zu 25 at abs und 425° C:

$$v_2 = 0,1276 \ \text{m}^3/\text{kg};$$
$$V_2 = 3,190 \ \text{m}^3.$$

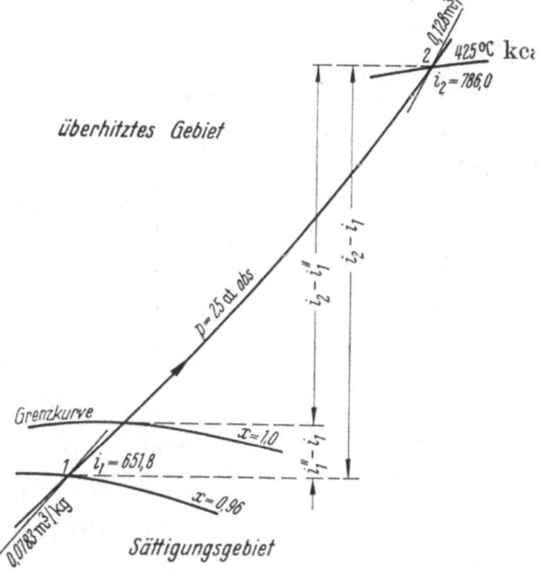

Abb. 38. Skizze im i,s-Diagramm zu Aufgabe 105.

Raumzunahme: $V_2 - V_1 = 3,190 - 1,958 = 1,232 \ \text{m}^3.$

Äußere Arbeit: $L_{12} = P(V_2 - V_1) = 25 \cdot 10^4 \cdot 1,232 = 30,8 \cdot 10^4 \ \text{mkg}$
und

$$A L_{12} = 30,8 \cdot 10^4 / 427 = 721 \ \text{kcal}.$$

Aufgabe 106. $G_D = 20$ t/h Wasserdampf von $p = 63$ at Überdruck und $t_1 = 480°$ C sollen in einem Heißdampfkühler mittels Einspritzen von Kondensat mit $t_W = 99°$ C auf $t_2 = 400°$ C gekühlt werden. Stelle die Wärmebilanz auf und die Vermehrung der Entropie und die Verminderung der technischen Arbeitsfähigkeit durch den Mischvorgang fest.

Zustand	1	W	2	
p	64	$(>)$ 64	64	at abs
t	480	99	400	° C
i	804,3	99,0	756,9	kcal/kg
s	1,621	0,310	1,555	kcal/kg · Grad

Wärmebilanz:

$$G_D\, i_1 + G_W\, i_W = (G_D + G_W)\, i_2$$

$$G_W = G_D\, \frac{i_1 - i_2}{i_2 - i_W} = 20\,000\, \frac{804,3 - 756,9}{756,9 - 99,0} = 1441 \text{ kg/h};$$

Vermehrung der Entropie:

$$\Delta S = (G_D + G_W)\, s_2 - (G_D s_1 + G_W s_W)$$

$$= G_D (s_2 - s_1) + G_W (s_2 - s_W)$$

$$= 20\,000\, (1,555 - 1,621) + 1441\, (1,555 - 0,310)$$

$$= -1332 + 1794 = +462 \text{ kcal/h} \cdot \text{Grad}.$$

Verminderung der technischen Arbeitsfähigkeit:

$$\Delta A L' = G_D [i_1 - i_W - T_W (s_1 - s_W)] + G_W \cdot 0$$

$$- (G_D + G_W)\, [i_2 - i_W - T_W (s_2 - s_W)]$$

$$= G_D [i_1 - i_2 - T_W (s_1 - s_2)] - G_W \times$$

$$\times [i_2 - i_W - T_W (s_2 - s_W)] = 20\,000 \cdot 22,62$$

$$- 1441 \cdot 194,7 = 17,18 \cdot 10^4 \text{ kcal/h} \quad \text{oder}$$

$$\Delta A L' = T_W\, \Delta S = 372 \cdot 462 = 17,18 \cdot 10^4 \text{ kcal/h}.$$

Aufgabe 107. Wieviel wiegen 1000 m³ Dampf vor $p_1 = 80$ at abs und $t_1 = 500°$ C? Der Dampf möge sich adiabatisch auf $p_2 = 0,05$ at abs ausdehnen. Bei welchem Druck ist er trockengesättigt? Welches ist der Endzustand?

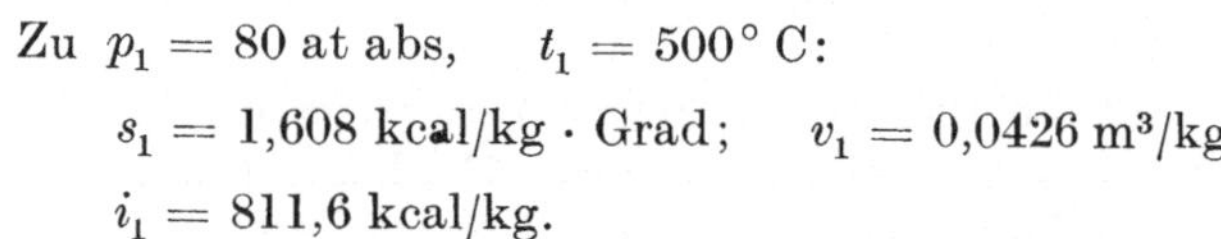

Abb. 39. Skizze im i,s-Diagramm zu Aufgabe 107.

Zu $p_1 = 80$ at abs, $\quad t_1 = 500°$ C:

$$s_1 = 1,608 \text{ kcal/kg} \cdot \text{Grad}; \qquad v_1 = 0,0426 \text{ m}^3/\text{kg}$$

$$i_1 = 811,6 \text{ kcal/kg}.$$

Gewicht:

$$G = \frac{1000}{1000 \cdot 0,0426} = 23,47 \text{ t}.$$

Bei $s_1 = s'' = 1,608$ ist $p = 6,6$ at abs, $x = 1,0$ (Schnitt der oberen Grenzkurve);

zu $p_2 = 0,05$ at abs: $v_2'' = 28,73$ m³/kg;

$$s_2' = 0,113 \quad \text{und} \quad s_2'' = 2,006 \text{ kcal/kg} \cdot \text{Grad};$$

damit

$$x_2 = \frac{1,608 - 0,113}{1,893} = 0,790 \text{ kg/kg};$$

$$v_2 = x_2 v_2'' = 0,790 \cdot 28,73 = 22,68 \text{ m}^3/\text{kg};$$

$$V_2 = G v_2 = 23,47 \cdot 10^3 \cdot 22,68 = 532,3 \cdot 10^3 \text{ m}^3.$$

Der Dampf dehnt sich auf das $V_2/V_1 = 532,3$ fache aus. Siehe hierzu Abb. 39.

Aufgabe 108. Die aus 1 kg Wasserdampf in der verlustfrei arbeitenden Dampfmaschine gewinnbare Arbeit beträgt $A\,l' = i_1 - i_2$ kcal/kg, wobei i_1 die Enthalpie des Frischdampfes und i_2 die des Abdampfes bei adiabatischer Expansion bedeuten. $A\,l'$ ist für verschiedene Dampfzustände zu ermitteln:

p_1 at abs Frischdampf	10	10	10	20	50	125
x_1 kg/kg	1	1	—	—	—	—
t_1 °C	179	179	300	350	450	500
i_1 kcal/kg	663,0	663,0	728,1	748,5	791,4	799,2
s_1 kcal/kg · Grad . .	1,574	1,574	1,702	1,662	1,629	1,547
p_2 at abs Abdampf .	1	0,2	0,2	0,05	0,03	0,03
s_2' kcal/kg · Grad .	0,310	0,197	0,197	0,113	0,084	0,084
$s_2'' - s_2' = r_2/T_2$.	1,449	1,693	1,693	1,894	1,966	1,966
x_2 kg/kg	0,872	0,813	0,889	0,818	0,786	0,744
i_2' kcal/kg	99,1	59,6	59,6	32,6	23,8	23,8
r_2 kcal/kg	539,4	563,5	563,5	578,9	583,9	583,9
i_2 kcal/kg	569,6	517,9	560,5	506,0	482,7	478,8
$i_1 - i_2$ kcal/kg . . .	93,4	145,1	167,6	242,5	308,7	320,4

Aufgabe 109. Heißdampf von $p_1 = 125$ at abs und $t_1 = 520°$ C soll in einer Reduzier- und Kühlstation bei Ausfall der Vorschaltturbine in Dampf von $p_2 = 15$ at abs und $t_2 = 400°$ C umgewandelt werden. Wieviel Wasser von 140° C ist in den Heißdampfkühler einzuspritzen?

a) Drosselvorgang von $p_1 = 125$ at abs auf $p_2 = 15$ at abs bei

$$i_1 = i_a = \text{konst.} = 812,1 \text{ kcal/kg}, \qquad t_a = 468,6° \text{ C}.$$

b) Kühlung mit

$$G_D\, i_1 + G_W\, i_W = (G_D + G_W)\, i_2;$$

$$100\,\frac{G_W}{G_D} = 100\,\frac{i_1 - i_2}{i_2 - i_W} = 100\,\frac{812,1 - 776,6}{776,6 - 140,6} = 5,58 \text{ vH Wasser.}$$

Aufgabe 110. Durch die kontinuierliche Entsalzung eines Dampfkessels für $p_1 = 25$ at Überdruck werden stündlich 2,7 t Lauge abgeführt und in einem Entspanner auf $p_2 = 0,3$ at Überdruck entspannt. Die Wrasen gehen in den Entgaser über dem Speisewasserbehälter.

Wieviel Wärme wird dem Speisewasser zugeführt? Wieviel Wärme kann in einem Laugenkühler noch gewonnen werden, wenn die Lauge auf $t_3 = 60°$ C abgekühlt wird ($c = 1$ kcal/kg · Grad)?

Zu $p_1 = 26$ at abs: $t_1 = 225{,}0°$ C; $s_1' = 0{,}612$ kcal/kg · Grad;

zu $p_2 = 1{,}3$ at abs: $t_2 = 106{,}6°$ C; $r_2 = 534{,}5$ kcal/kg;

$s_2' = 0{,}330$ und $s_2'' - s_1 = 1{,}408$.

Die Entspannung geht praktisch adiabatisch vor sich, es ist

$$x_2 = \frac{0{,}612 - 0{,}330}{1{,}408} = 0{,}200 \text{ kg/kg};$$

damit $G_{D\,2} = 0{,}20 \cdot 2700 = 540$ kg/h Dampf von 1,3 at abs und $r_2 = 534{,}5$ kcal/kg, die dem Entgaser zugeführt werden.

Dort kondensiert dieser Dampf bei konstantem Druck unter Abgabe von $Q = 540 \cdot 534{,}5 = 289\,000$ kcal/h.

Flüssigkeitswärme von der Lauge:

$$Q = 0{,}80 \cdot 2700 \cdot 1 \cdot (106{,}6 - 60{,}0) = 100\,600 \text{ kcal/h}.$$

Aufgabe 111. $G = 4{,}2\ t$/h überhitzter Wasserdampf von $p_1 = 20$ at abs und $t_1 = 350°$ C dehnen sich adiabatisch auf $p_2 = 4{,}2$ at abs aus. Wie groß ist die adiabatische Dampfarbeit, die Betriebsarbeit und der Adiabatenexponent in der Beziehung $p\,v^\varkappa = $ konst.? Wie groß ist der Exponent, wenn in Wirklichkeit eine Abdampftemperatur von $t_a = 190°$ C gemessen wird?

$$A\,l_{1\,2}' = i_1 - i_2 = 748{,}5 - 661{,}8 = 86{,}7 \text{ kcal/kg};$$

$$A\,L_{1\,2}' = 4200 \cdot 86{,}7 = 364\,000 \text{ kcal/h}.$$

Über $u = i - A\,P\,v$ ist

$$u_1 = 682{,}3 \quad \text{und} \quad u_2 = 615{,}8 \text{ kcal/kg};$$

$$A\,l_{1\,2} = u_1 - u_2 = 66{,}5 \text{ kcal/kg}; \quad A\,L_{1\,2} = 4200 \cdot 66{,}5$$
$$= 279\,000 \text{ kcal/h};$$

$$\varkappa = \frac{i_1 - i_2}{u_1 - u_2} = \frac{86{,}7}{66{,}5} = 1{,}304 \approx 1{,}3$$

Zu $p_2 = 4{,}2$ at abs; $t_a = 190°$ C: $i_a = 678{,}2$ und $v_a = 0{,}5066$.

Nutzungsgrad:

$$100\,\frac{i_1 - i_a}{i_1 - i_2} = \frac{748{,}5}{0{,}01 \cdot 86{,}7}\,\frac{678{,}2}{} = 81\ \% \text{ H};$$

Polytropenexponent

$$n = \frac{\lg p_1 - \lg p_2}{\lg v_2 - \lg v_1} = \frac{1{,}3010 - 0{,}6233}{0{,}7047 - 0{,}1471} = 1{,}218.$$

Aufgabe 112. Wie groß ist die Arbeitsfähigkeit von Heißdampf mit 60 at abs und 450° C, bezogen auf einen Gegendruck von 0,05 at abs? Wie verringert sich die Arbeitsfähigkeit, wenn der Heißdampf auf 15 at abs gedrosselt wird? (Mit dem i, s-Diagramm zu bestimmen!)

Enthalpie des Heißdampfes 788 kcal/kg. Der gedrosselte Dampf von 15 at abs hat eine Enthalpie von ebenfalls 788 kcal/kg, jedoch bei 423° C. Durch das Drosseln fällt die Temperatur von 450 auf 423° C. Die technische Arbeitsfähigkeit des Heißdampfes gegen 0,05 at abs (senkrechter Abstand des Zustandspunktes 60 at abs und 450° C über der Linie $p = 0{,}05$ at abs = konst.) ist

$$788 - 489 = 299 \text{ kcal/kg}$$

und die des gedrosselten Dampfes

$$788 - 534 = 254 \text{ kcal/kg.}$$

Die Einbuße ist 45 kcal/kg oder 15,0 vH. Zu 0,05 at abs gehört eine Sättigungstemperatur von $t_S = 32{,}6°$ C oder $T_S = 305{,}6°$ K. Als Entropiezunahme beim Drosseln entnimmt man

$$\Delta s = 1{,}753 - 1{,}606 = 0{,}147 \text{ kcal/kg} \cdot \text{Grad.}$$

Damit ergibt sich die arbeitsbehinderte Wärmemenge zu

$$T_S \, \Delta s = 305{,}6 \cdot 0{,}147 = 45{,}0 \text{ kcal/kg,}$$

entsprechend dem Verlust an technischer Arbeitsfähigkeit.

Aufgabe 113. In den Siederohren eines Röhrendampfkessels befinde sich ein Wasser-Dampf-Gemisch unter $p_1 = 40$ at abs und $x_1 = 0{,}30$ kg/kg. Auf das Wievielfache nimmt das Gemischvolumen zu, wenn eins der Siederohre plötzlich aufreißt, wobei der entweichende Dampf Umgebungsdruck $p_2 = 1$ at abs annehme? Adiabatischer Vorgang $u_{12} = A\,l_{12}$; $q_{12} = 0$;

$$i_1 = i_1' + x_1 r_1 = 258{,}2 + 0{,}30 \cdot 410{,}8 = 381{,}4 \text{ kcal/kg};$$

$$v_1 = v_1' + x_1 (v_1'' - v_1') = 0{,}00125 + 0{,}30 \cdot (0{,}05078 - 0{,}00125)$$

$$= 0{,}01486 \text{ m}^3/\text{kg};$$

$$u_1 = i_1 - A\,P_1\,v_1 = 381{,}4 - \frac{1}{427}\,40 \cdot 10^4 \cdot 0{,}0149 = 367{,}5 \text{ kcal/kg};$$

$$A\,l_{12} = A\,P_2 (v_2 - v_1) \approx A\,P_2 v_2;$$

$$u_2 + A\,l_{12} = u_2 + A\,P_2 v_2 = i_2 = u_1;$$

$$x_2 = \frac{i_2 - i_2''}{r_2} = \frac{u_1 - i_2''}{r_2} = \frac{367{,}5 - 99{,}1}{539{,}4} = 0{,}498 \text{ kg/kg};$$

$$v_2 = v_2' + x_2 (v_2'' - v_2') = 0{,}001 + 0{,}498 \cdot 1{,}724 = 0{,}859 \text{ m}^3/\text{kg};$$

Raumzunahme auf das $v_2/v_1 = 0{,}859/0{,}0149 = 57{,}7$ fache.

VI. Kreisprozesse von Dämpfen.

Aufgabe 114. Wie groß sind Wärmeaufwand, Arbeitsgewinn und thermischer Wirkungsgrad eines Dampfkraftprozesses, wenn die Speisepumpe des Dampfkessels das Kondensat (Wasser) von $p_0 = 0{,}10$ at abs auf $p = 20$ at abs drückt (*1* bis *2* in Abb. 40), das Kondensat im Kessel bei $p =$ konst. verdampft wird (*2* bis *3*), der trockengesättigte Dampf in der Dampfmaschine adiabatisch auf p_0 expandiert (*3* bis *4*) und dann im Kondensator wieder verflüssigt wird (*4* bis *1*)? Idealprozeß nach *Clausius-Rankine*, siehe Abbildung 40.

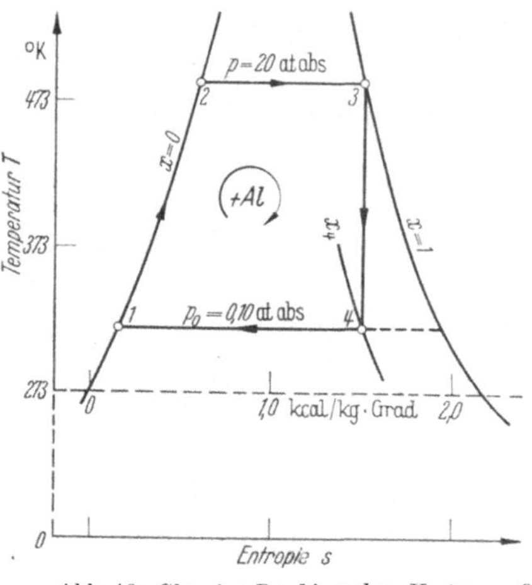

Abb. 40. *Clausius-Rankinescher* Kreisprozeß zu Aufgabe 114.

Zu $p = 20$ at abs:

$$t = 211{,}4°\,\text{C};$$

$$i_3 = i'' = 668{,}5 \text{ kcal/kg};$$

$$s_3 = s''$$
$$= 1{,}5160 \text{ kcal/kg} \cdot \text{Grad};$$

zu $p_0 = 0{,}10$ at abs: $t_0 = 45{,}5°\,\text{C}$;

$$i_1 = i'_0 = 45{,}4 \quad \text{und} \quad r_0 = 571{,}6 \text{ kcal/kg};$$

$$s_1 = s'_0 = 0{,}1538 \quad \text{und} \quad s''_0 = 1{,}9478 \text{ kcal/kg} \cdot \text{Grad}.$$

$$s_3 = s_4: \qquad x_4 = \frac{s_3 - s'_0}{s''_0 - s'_0} = \frac{1{,}5160 - 0{,}1538}{1{,}9478 - 0{,}1538} = 0{,}759 \text{ kg/kg};$$

$$i_4 = i'_0 + x_4 r_0 = 45{,}4 + 0{,}759 \cdot 571{,}6 = 479{,}4 \text{ kcal/kg}.$$

Arbeit:

$$A l = i_3 - i_4 = 668{,}5 - 479{,}4 = 189{,}1 \text{ kcal/kg};$$

theoretische Leistung bei z. B. $n = 120$ Spielen/min und 1 t/h Dampf, also 1000 kg/h durch $120 \cdot 60$ Spiele/h $= 0{,}139$ kg/Spiel;

$$N = 189{,}1 \cdot 427 \cdot 0{,}139 \,\frac{\text{mkg}}{\text{Spiel}} \,\frac{120}{60} \,\frac{\text{Spiele}}{s} \,\frac{1}{102} \,\frac{\text{kW}}{\text{mkg/s}} = 220 \text{ kW}$$

mit einem Verbrauch von

$$D = \frac{860}{A l} = \frac{860}{189{,}1} = 4{,}55 \text{ kg Dampf/kWh}.$$

Wärmeaufwand:

$$q \approx i_3 - i_1 = 668,5 - 45,4 = 623,1 \text{ kcal/kg};$$

thermischer Wirkungsgrad:

$$\eta_{th} = \frac{Al}{q} = \frac{i_3 - i_4}{i_3 - i_1} = \frac{189,1}{623,1} = 0,304;$$

Wirkungsgrad des *Carnot*schen Prozesses zwischen t und t_0:

$$\eta_{th\,(Carnot)} = \frac{T - T_0}{T} = \frac{t - t_0}{T} = \frac{211,4 - 45,5}{484,4} = 0,343.$$

Aufgabe 115. Wie ändert sich das Ergebnis von Aufgabe 114, wenn der Dampf vor Eintritt in die Dampfmaschine auf $t_3 = 350°$ C überhitzt wird? Siehe hierzu Abbildung 41.

Zu $p = 20$ at abs und $t_3 = 350°$ C:

$i_3 = 748,5$ kcal/kg und

$s_3 = 1,6621$ kcal/kg · Grad,

damit

$$x_4 = \frac{1,6621 - 0,1538}{1,9478 - 0,1538}$$
$$= 0,841 \text{ kg/kg};$$
$$i_4 = 45,4 + 0,841 \cdot 571,6$$
$$= 525,9 \text{ kcal/kg};$$
$$\eta_{th} = \frac{i_3 - i_4}{i_3 - i_1} = \frac{748,5 - 525,9}{748,5 - 45,4}$$
$$= 0,317,$$

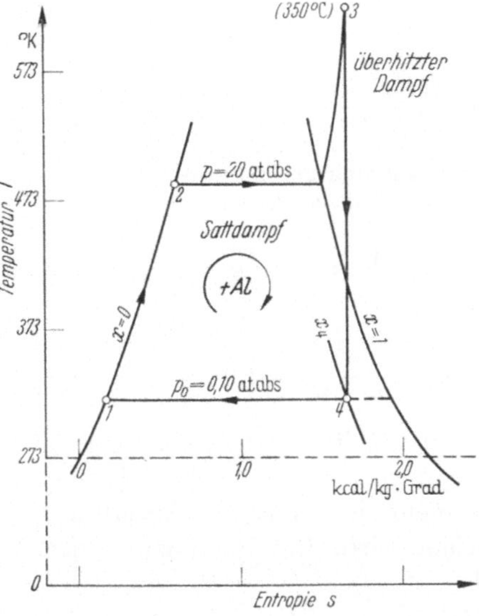

Abb. 41. Kreisprozeß von Wasserdampf im gesättigten und überhitzten Gebiet zu Aufgabe 115.

also um 4,3 vH günstiger als nach Aufgabe 114. Die theoretisch erzielbare Leistung ist mit

$$Al = i_3 - i_4 = 748,5 - 525,9 = 222,6 \text{ kcal/kg}$$

und (Spielzahl 120/min sowie) 1 t/h Dampf rund

$$N = \frac{222,6 \cdot 427 \cdot 1000}{3600 \cdot 102} = 259 \text{ kW},$$

und der Dampfverbrauch ist $D = 860/222,6 = 3,86$ kg/kWh.

Aufgabe 116. Welches Ergebnis hat ein Dampfkraftprozeß entsprechend Aufgabe 114, wenn die Ausdehnung des Dampfes bei der Arbeitsleistung in einer Kolbendampfmaschine zwecks Verringerung der Zylinderabmessungen beschränkt wird auf 10-, 15- und 20fache Ausdehnung? (VDI-Prozeß, siehe Abb. 42 u. 43.)

$$A\,l = i_3 - i_a + A\,(p_a - p_b)\,10^4\,v_a;$$

$v_3 = v'' = 0{,}1016$ und nach dem *Mollier-i, s*-Diagramm:

v_3/v_a	10	15	20	ohne Beschränkung
v_a m³/kg	1,016	1,524	2,032	12,57
p_a at abs	1,48	0,94	0,68	0,10
i_a kcal/kg	561,7	545,9	535,2	479,4
x_a kg/kg	0,848	0,830	0,819	0,759
$A\,l$ kcal/kg	139,6	152,6	160,9	189,1
η_{th}	0,224	0,245	0,258	0,304
Verminderung gegen Prozeß nach *Clausius-Rankine* vH	26,2	19,3	14,9	—
N kW	162,5	177,5	187,0	220,0
D kg/kWh	6,16	5,63	5,35	4,55

mit

$$\eta_{\mathrm{th}} = \frac{i_3 - i_a}{i_3 - i_1} + 10^4\,A\,\frac{p_a - p_b}{i_3 - i_1}\,v_a\,.$$

Durch die Vorausströmung verringert sich der Arbeitsgewinn um so mehr, je früher der Auslaß geöffnet wird. Bei Begrenzung der

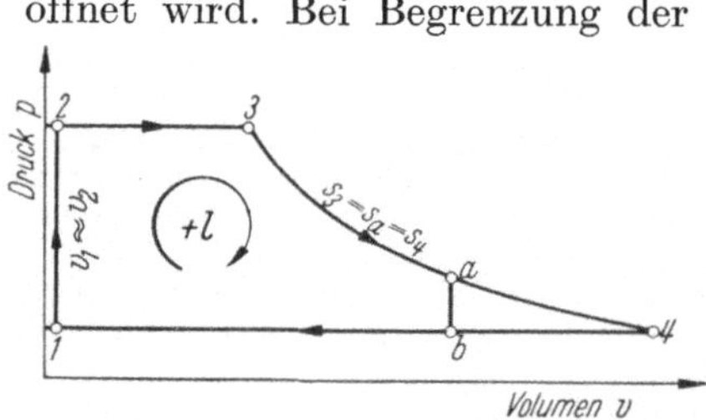

Abb. 42. Kreisprozeß von Wasserdampf
(VDI-Prozeß) zu Aufgabe 116.

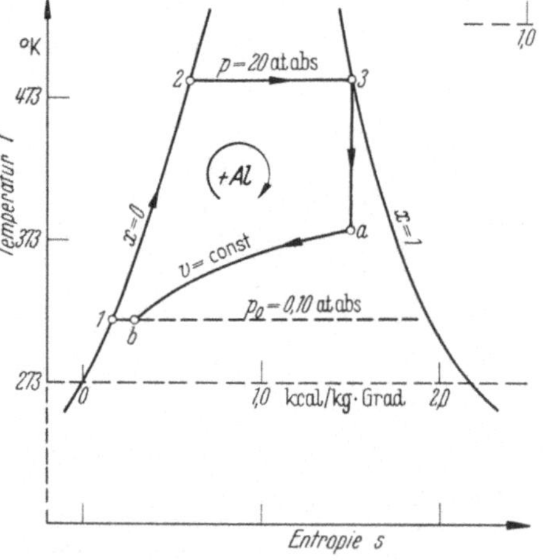

Abb. 43. T,s-Diagramm zum Idealprozeß
(VDI) zu Aufgabe 116 und Abb. 42

Ausdehnung auf das 10fache des Frischdampfvolumens v_3 verringert sich der Arbeitsgewinn um rund $^1/_4$.

Aufgabe 117. Eine Dampfkraftanlage arbeitet mit Frischdampf von 125 at abs und 500° C über eine Dampfturbine. Wie groß ist der thermische Wirkungsgrad des *Clausius-Rankine*schen Prozesses bei einem Gegendruck von 0,03 at abs? In welchem Maße wird der thermische Wirkungsgrad des theoretischen Prozesses mittels Anzapfvorwärmung verbessert

    a) bei 1 Stufe bei 7,4 at abs,

    b) bei 2 Stufen bei 7,4 und 2,0 at abs?

Ohne Anzapfvorwärmung, Bezeichnungen siehe Abb. 41.

Zu $p = 125$ at abs:

$i' = 358,5;$

$i'' = 639,3;$

$r = 280,8$ kcal/kg;

und zu $500°$ C:

$i_3 = 799,2$ kcal/kg;

$s_3 = 1,5465$ kcal/kg $\cdot$ Grad;

zu $p_0 = 0,03$ at abs:

$i_0' = 23,8;$

$r_0 = 583,9$ kcal/kg;

$s_0' = 0,0836;$

$s_0'' = 2,0499$ kcal/kg $\cdot$ Grad.

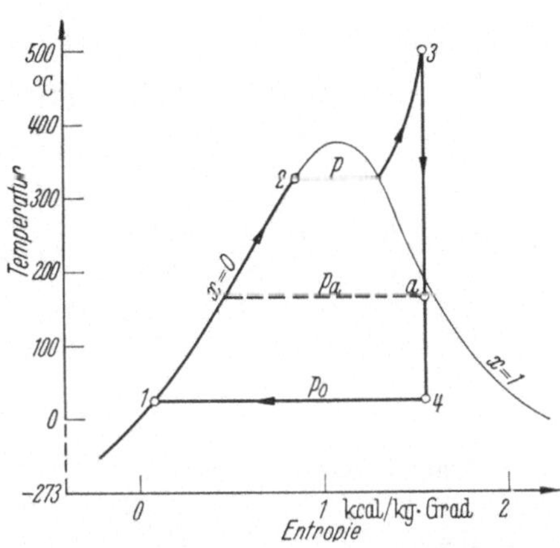

Abb. 44. Dampfkraftprozeß mit einstufiger Anzapfvorwärmung zu Aufgabe 117.

$$x_4 = \frac{s_3 - s_0'}{s_0'' - s_0'} = \frac{1,5465 - 0,0836}{2,0499 - 0,0836} = 0,744 \text{ kg/kg};$$

$$i_4 = i_0' + x_4 r_0 = 23,8 + 0,744 \cdot 583,9 = 458,2 \text{ kcal/kg};$$

$$\eta_{\text{th}} = \frac{i_3 - i_4}{i_3 - i_1} = \frac{799,2 - 458,2}{799,2 - 23,8} = 0,440.$$

Mit 1 Anzapfstufe bei 7,4 at abs: siehe hierzu Abb. 44.

Bis zum Druck von $p_a = 7,4$ at abs expandiert 1 kg des Dampfes. Endzustand

$$x_a = 0,954; \quad i_a = 637,4; \quad i_a' = 167,9 \text{ kcal/kg}.$$

a kg werden abgezapft und $1 - a$ kg werden weiter entspannt. Dabei gilt bei Erwärmung des Speisewassers bis auf i_a':

$$i_a' = a\, i_a + (1 - a)\, i_1;$$

$$a = \frac{i_a' - i_1}{i_a - i_1} = \frac{167,9 - 23,8}{637,4 - 23,8} = 0,2348 \text{ kg/kg (oder rd. 23,5 vH)}$$

Anzapfmenge. Arbeit:

$$A\, l_a = i_3 - i_a + (1 - a)\,(i_a - i_4)$$
$$= 799,2 - 637,4 + 0,765 \cdot (637,4 - 458,2)$$
$$= 298,9 \text{ kcal/kg};$$

Wärmezufuhr:

$$q_a = i_3 - i_a' = 799{,}2 - 167{,}9 = 631{,}3 \text{ kcal/kg};$$

Wirkungsgrad:

$$\eta_{\text{th}} = A\,l_a/q_a = 298{,}9/631{,}3 = 0{,}473;$$

Verbesserung:

$$100\,\frac{0{,}473 - 0{,}440}{0{,}440} = 7{,}5 \text{ vH}.$$

Mit 2 Anzapfstufen bei $p_a = 7{,}4$ und bei $p_b = 2{,}0$ at abs:

$$x_b = 0{,}883; \quad i_b = 584{,}3; \quad i_b' = 119{,}9 \text{ kcal/kg};$$

$$(1 - a)\,i_b' = b\,i_b + (1 - a - b)\,i_1;$$

$$i_a' = (1 - a)\,i_b' + a\,i_a;$$

$$a = \frac{i_a' - i_b'}{i_a - i_b'} = \frac{167{,}9 - 119{,}9}{637{,}4 - 119{,}9} = 0{,}0928 \text{ kg/kg} \quad (\text{oder } 9{,}28 \text{ vH});$$

$$b = (1 - a)\,\frac{i_b' - i_1}{i_b - i_1} = 0{,}9072\,\frac{119{,}9 - 23{,}8}{584{,}3 - 23{,}8} = 0{,}1555 \text{ kg/kg} \, (15{,}55 \text{ vH});$$

$$\eta_{\text{th}} = \frac{i_3 - i_a + (1 - a)\,(i_a - i_b) + (1 - a - b)\,(i_b - i_4)}{i_3 - i_a'}$$

$$= \frac{799{,}2 - 637{,}4 + 0{,}9072 \cdot (637{,}4 - 584{,}3) + 0{,}7517 \cdot (584{,}3 - 458{,}2)}{799{,}2 - 167{,}9}$$

$$= 0{,}483;$$

Verbesserung:

$$100\,\frac{0{,}483 - 0{,}440}{0{,}440} = 9{,}8 \text{ vH}.$$

Aufgabe 118. Welche Verbesserung im thermischen Wirkungsgrad ist nach Aufgabe 117 theoretisch bei 4 stufiger Anzapfung erzielbar, wenn $p_a = 18{,}0$ und $p_b = 7{,}4$ und $p_c = 2{,}0$ und $p_d = 0{,}9$ at abs als Anzapfdrücke gewählt werden?

Stufe	p at abs	i' kcal/kg	x kg/kg	i kcal/kg	Anzapfmenge Gewichts-vH
a	18,0	210,1	>1	678,3	8,27
b	7,4	167,9	0,954	637,4	8,51
c	2,0	119,9	0,883	584,3	4,04
d	0,9	96,2	0,849	555,7	10,78

mit $s_3 = 1{,}5465$ kcal/kg · Grad. Es ist

$$a = \frac{i_a' - i_b'}{i_a - i_b'} = \frac{210{,}1 - 167{,}9}{678{,}3 - 167{,}9} = 0{,}0827 \text{ kg/kg};$$

$$b = (1 - a)\,\frac{i_b' - i_c'}{i_b - i_c'} = 0{,}9173\,\frac{167{,}9 - 119{,}9}{637{,}4 - 119{,}9} = 0{,}0851 \text{ kg/kg};$$

$$c = (1 - a - b)\,\frac{i_c' - i_d'}{i_c - i_d'} = 0{,}8322\,\frac{119{,}9 - 96{,}2}{584{,}3 - 96{,}2} = 0{,}0404 \text{ kg/kg};$$

$$d = (1 - a - b - c)\,\frac{i_d' - i_1}{i_d - i_1} = 0{,}7918\,\frac{96{,}2 - 23{,}8}{555{,}7 - 23{,}8} = 0{,}1078 \text{ kg/kg};$$

wobei $i_1 = 23{,}8$ kcal/kg $= i_0'$ ist.

Arbeit:

$$A\,l = \begin{aligned}
i_3 - i_a &= & 799{,}2 - 678{,}3 &= 120{,}9 \text{ kcal/kg}\\
(1-a)\,(i_a - i_b) &= 0{,}9173\cdot(678{,}3 - 637{,}4) &= & 37{,}5 \text{ kcal/kg}\\
(1-a-b)\,(i_b - i_c) &= 0{,}8322\cdot(637{,}4 - 584{,}3) &= & 44{,}2 \text{ kcal/kg}\\
(1-a-b-c)\,(i_c - i_d) &= 0{,}7918\cdot(584{,}3 - 555{,}7) &= & 22{,}6 \text{ kcal/kg}\\
(1-a-b-c-d)\,(i_d - i_4) &= 0{,}6840\cdot(555{,}7 - 458{,}2) &= & \underline{66{,}7 \text{ kcal/kg}}\\
& & A\,l = & 291{,}9 \text{ kcal/kg}
\end{aligned}$$

Thermischer Wirkungsgrad:

$$\eta_{\text{th}} = \frac{A\,l}{i_3 - i_a'} \quad \frac{291{,}9}{799{,}2 - 210{,}1}$$

$$= 0{,}496;$$

Verbesserung durch die 4fache Anzapfvorwärmung um

$$100\,\frac{0{,}496 - 0{,}440}{0{,}440} = 12{,}7 \text{ vH.}$$

Aufgabe 119. Wie ließe sich der thermische Wirkungsgrad η_{th} nach Aufgabe 117/18 verbessern, wenn unbeschränkt viele Anzapfstufen angeordnet werden könnten? Siehe hierzu Abb. 45.

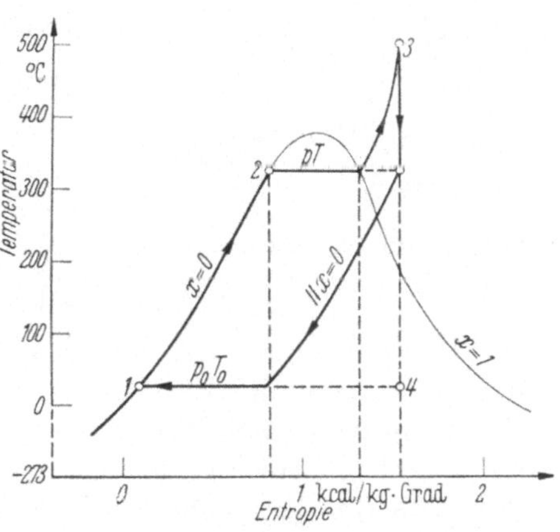

Abb. 45. Dampfkraftprozeß mit unbeschränkt vielen Anzapfstufen zu Aufgabe 119.

Arbeit:

$$A\,l = i_3 - i'' - T_0\,(s_3 - s'') + (T - T_0)\,(s'' - s')$$

$$= 799{,}2 - 639{,}3 - 296{,}8\cdot(1{,}5465 - 1{,}3068) + 302{,}5\cdot(1{,}3068$$

$$- 0{,}8382) = 230{,}6 \text{ kcal/kg.}$$

Wirkungsgrad:

$$\eta_{\text{th}} = \frac{230{,}6}{799{,}2 - 358{,}5} = 0{,}522;$$

Verbesserung:

$$100\,\frac{0{,}522 - 0{,}440}{0{,}440} = 18{,}6 \text{ vH.}$$

Aufgabe 120. Wie wird der thermische Wirkungsgrad des Dampfkraftprozesses nach Aufgabe 117 ohne Anzapfvorwärmung geändert, wenn der Dampf nach Expansion von 125 at abs, 500° C auf 15 at abs in einer Vorschaltturbine nochmals auf 400° C zwischenüberhitzt und dann in einer Kondensationsturbine entspannt wird? Siehe hierzu Abb. 46.

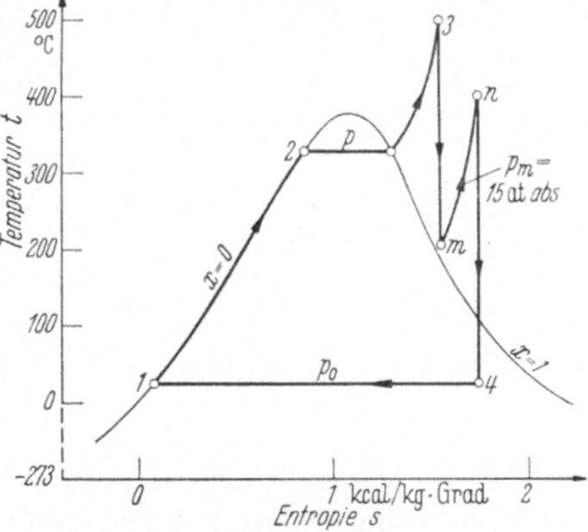

Abb. 46. Dampfkraftprozeß mit Zwischenüberhitzung zu Aufgabe 120.

Bei 125 at abs und 500° C ist $s_3 = 1{,}5465$ kcal/kg · Grad; bei dieser Entropie und bei 15 at abs ist nach den Dampftafeln $t_m = 201{,}3°$ C; $i_m = 669{,}4$ kcal/kg (schwach überhitzt). Bei 15 at abs und 400° C ist $s_n = 1{,}7364$ und $i_n = 776{,}6$. Es wird jetzt

$$x_4 = \frac{s_n - s_0'}{s_0'' - s_0'} = \frac{1{,}7364 - 0{,}0836}{1{,}9663} = 0{,}841 \text{ kg/kg};$$

$$i_4 = i_0' + x_4\, r_0 = 23{,}8 + 0{,}841 \cdot 583{,}9 = 514{,}9 \text{ kcal/kg};$$

$$A\,l = i_3 - i_m + i_n - i_4 = 799{,}2 - 669{,}4 + 776{,}6 - 514{,}9$$
$$= 391{,}5 \text{ kcal/kg};$$

$$q = i_3 - i_1 + i_n - i_m = 775{,}4 + 107{,}2 = 882{,}6 \text{ kcal/kg};$$

thermischer Wirkungsgrad:

$$\eta_{\text{th}} = A\,l/q = 391{,}5/882{,}6 = 0{,}444.$$

Die Verbesserung beträgt nur rd. 1 vH. Der Vorteil der Zwischenüberhitzung ist, daß die Endnässe x_4 von 25,6 vH auf 16,0 vH zurückgeht. Beim wirklichen Prozeß dehnt sich der Dampf polytropisch aus, und er geht mit einer Endnässe von weniger als 10 vH in den Kondensator, was für den praktischen Turbinenbetrieb Bedingung ist.

Aufgabe 121. Eine Kleinkältemaschine arbeitet mit Freon 12. Bei einer Kälteleistung von 8400 kcal/h werden folgende Temperaturen und Drücke gemessen, siehe Abb. 47.

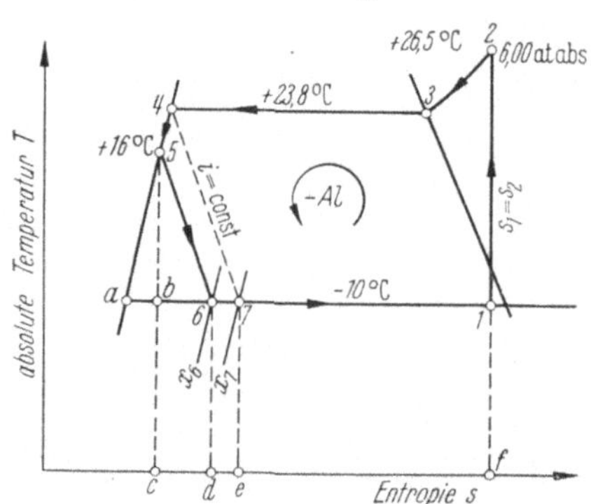

Abb. 47. Kreisprozeß einer Kältemaschine zu Aufgabe 121.

Freon 12: Temperatur am Anfang und Ende des Verdampfers

$$t_6 = t_1 = -10° \text{ C} = t_0;$$

Temperatur und Druck hinter dem Kompressor

$$t_2 = +26{,}5° \text{ C};$$

$$p_2 = 6{,}000 \text{ at abs};$$

Temperatur vor dem Drosselventil

$$t_5 = 16° \text{ C}.$$

Kühlwasser: Temperatur vor und hinter dem Kondensator

$$t_{W1} = 12° \text{ C} \quad \text{und} \quad t_{W2} = 18° \text{ C}.$$

Die Wärmeeinbrüche in die kalten Teile der Anlage außerhalb des Kühlraumes sollen mit insgesamt 5 vH der Kälteleistung angesetzt werden. Insgesamt sei die indizierte Arbeit des Kompressors um 20 vH größer als die theoretische Arbeit und der mechanische Wirkungsgrad des Kompressors selbst sei 84 vH. Für den theoretischen Prozeß sind zu ermitteln: Je kg Freon Kälteleistung, Wärmeabfuhr, Arbeitsaufwand, ferner Leistungsziffer und spezifische Kälteleistung sowie Einfluß der Unterkühlung von t_4 auf t_5. Für den wirklichen Prozeß sind zu ermitteln: Umlaufende Freonmenge, Arbeitsaufwand, Kühlwassermenge, Leistungsziffer und spezifische Kälteleistung sowie effektive Antriebsleistung an der Kompressorwelle.

$$\text{Zu } t_0 = -10^\circ\,\text{C}: \quad T_0 = 263^\circ\,\text{K}; \quad p_0 = 2{,}236 \text{ at abs};$$

$$i_0' = 97{,}8 \quad \text{und} \quad i_0'' = 135{,}9 \quad \text{und} \quad r_0 = 38{,}1 \text{ kcal/kg};$$

$$s_0' = 0{,}9919 \quad \text{und} \quad s_0'' = 1{,}1366 \text{ kcal/kg} \cdot \text{Grad};$$

$$\text{zu } p = 6{,}000 \text{ at abs}: \; t = t_3 = t_4 = 23{,}75^\circ\,\text{C}; \quad T = 296{,}75^\circ\,\text{K};$$

$$i_4 = i' = 105{,}5 \quad \text{und} \quad i_3 = i'' = 139{,}5 \quad \text{und}$$

$$r = 34{,}0 \text{ kcal/kg};$$

$$s_3 = s'' = 1{,}1336 \text{ kcal/kg} \cdot \text{Grad};$$

$$\text{zu } t_5 = 16^\circ\,\text{C}: \; i_5 = i_6 = i_5' = 103{,}6 \text{ kcal/kg}.$$

Theoretischer Prozeß:

$$s_2 = s_3 + c_p\,(\ln T_2 - \ln T_3) = 1{,}1336 + 0{,}224\,(\ln 299{,}5 - \ln 296{,}8)$$
$$= 1{,}1357 \text{ kcal/kg} \cdot \text{Grad} = s_1;$$

mit $T_2 = 273 + 26{,}5 = 299{,}5^\circ\,\text{K}$ und $c_p = 0{,}224 \text{ kcal/kg} \cdot \text{Grad};$

$$x_1 = \frac{s_2 - s_0'}{s_0'' - s_0'} = \frac{1{,}1357 - 0{,}9919}{0{,}1447} = 0{,}924 \text{ kg/kg};$$

$$i_1 = i_0' + x_1 r_0 = 97{,}8 + 0{,}994 \cdot 38{,}1 = 135{,}7 \text{ kcal/kg};$$

Kälteleistung

$$q_0 = i_1 - i_6 = i_1 - i_5 = 135{,}7 - 103{,}6 = 32.1 \text{ kcal/kg};$$

Wärmeabfuhr

$$q = i_2 - i_5 = i_3 + c_p\,(t_2 - t_3) - i_5$$
$$= 139{,}5 + 0{,}224\,(26{,}5 - 23{,}8) - 103{,}6 = 36{,}5 \text{ kcal/kg};$$

Arbeitsaufwand

$$A\,l = i_2 - i_1 = 140{,}1 - 135{,}7 = 4{,}4 \text{ kcal/kg};$$

Bilanz

$$q_0 + A\,l = q; \quad 32{,}1 + 4{,}4 = 36{,}5 \text{ kcal/kg}.$$

Die Arbeit $A\,l$ entspricht Fläche *12345ab671* in Abb. 47. Mittels Expansionszylinder könnte bei adiabatischer Ausdehnung die Arbeit entsprechend Fläche *5ba5* gewonnen werden. Da jedoch das Freon von p auf p_0 mittels Drosselventil entspannt wird, wird dem Sattdampf die Wärmemenge gemäß Fläche *6dcb6* zugeführt (bei maßstäblicher Zeichnung ist Fläche *6dcb6* gleich Fläche *5ab5*, d. h. die leicht gekrümmte Drossellinie $\overline{56}$ liegt steiler als nach Abb. 47).

Die Grenzkurve $x = 1$ wird $s''_G = s_2 = 1{,}1357$ geschnitten, wozu $t_G = -2°$ C; $T_G = 271°$ K; $p_G = 2{,}955$ at abs; $v''_G = 0{,}0605$ m³/kg und $i''_G = 136{,}8$ kcal/kg gehören. Mit $\varkappa = 1{,}26$ ist

$$i_2 - i''_G = A \,\frac{\varkappa}{\varkappa - 1}\, p_G\, 10^4\, v''_G \left[\left(\frac{p}{p_G}\right)^{\frac{\varkappa-1}{\varkappa}} - 1\right]$$

$$= \frac{1}{427}\,\frac{1{,}26}{0{,}26}\, 2\,955 \cdot 10^4 \cdot 0\,0605 \cdot (1{,}157 - 1) = 3{,}3 \text{ kcal/kg}$$

und

$$i''_G - i_1 = 136{,}8 - 135{,}7 = 1{,}1 \text{ kcal/kg}.$$

Die Leistungsziffer des theoretischen Prozesses ist

$$\varepsilon = q_0 / A\,l = 32{,}1/4{,}4 = 7{,}30,$$

während sie bei einem *Carnot*schen Prozeß

$$\varepsilon = T_0/(T - T_0) = 263/33{,}8 = 7{,}99$$

wäre. Die spezifische Kälteleistung ist

$$K = 860\,\varepsilon = 860 \cdot 7{,}30 = 6270 \text{ kcal/kWh}.$$

Ohne Unterkühlung (Drosselung von *4* nach *7* in Abb. 47) ergeben sich

$$q_0 = i_1 - i_4 = 135{,}7 - 105{,}5 = 30{,}2 \text{ kcal/kg};$$
$$q\ \ = i_2 - i_4 = 140{,}1 - 105{,}5 = 34{,}6 \text{ kcal/kg};$$
$$A\,l = q - q_0 = 4{,}4 \text{ kcal/kg} \quad \text{wie oben.}$$

Die Kälteleistung ist 30,2 anstatt 32,1 kcal/kg. Minderung gemäß Fläche *67ed6* in Abb. 47, um

$$100\,\frac{i_4 - i_5}{i_1 - i_5} = 100\,\frac{105{,}5 - 103{,}6}{135{,}7 - 103{,}6} = 5{.}92 \text{ vH};$$

Rückgang der Kälteleistung auf

$$\varepsilon = 30{,}2/4{,}4 = 6{,}86.$$

Wirklicher Prozeß:

Umlaufende Freonmenge bei Unterkühlung auf t_5

$$G = \frac{1{,}05\,Q_0}{q_0} = \frac{1{,}05 \cdot 8400}{32{,}1} = 275{,}0 \text{ kg/h};$$

indizierte Antriebsleistung

$$N_i = \frac{Q_0}{\eta_i\,K} = \frac{8400}{0{,}80 \cdot 6270} = 1{,}673 \text{ kW};$$

effektiv:

$$N_e = N_i/\eta_m = 1{,}673/0{,}84 = 2{,}0 \text{ kW};$$
$$K_e = \eta_m\,K_i = \eta_m\,\eta_i\,K = 0{.}84 \cdot 0{,}80 \cdot 6270 = 4200 \text{ kcal/kWh};$$

Arbeitsbedarf

$$2,0/8,400 = 0,238 \text{ kWh}/1000 \text{ kcal};$$

Kühlwassermenge bei Wärmeabfuhr:

$$Q = 1,05\,Q_0 + G\,A\,l = 1,05 \cdot 8400 + 275 \cdot 4,4 = 10030 \text{ kcal/h};$$

Kühlwassermenge:

$$G_W = \frac{10030}{18-12} = 1700 \text{ kg/h}.$$

Aufgabe 122. Wieviel kg Wassereis oder wieviel kg Eis von Kohlendioxyd wären imstande, dieselbe theoretische Kälteleistung wie in Aufgabe 121 zu erbringen, wenn im Kühlraum der Druck $p_0 = 1$ at abs herrscht? (Siehe Abb. 48.)

Wassereis hat eine Schmelzwärme von rd. 80 kcal/kg. Wenn dazu noch die Wärmeaufnahmefähigkeit des flüssigen Wassers ausgenützt wird, so ergibt sich eine Kälteleistung von

$$q_0 = 80 + 23,8$$
$$= 103,8 \text{ kcal/kg.}$$

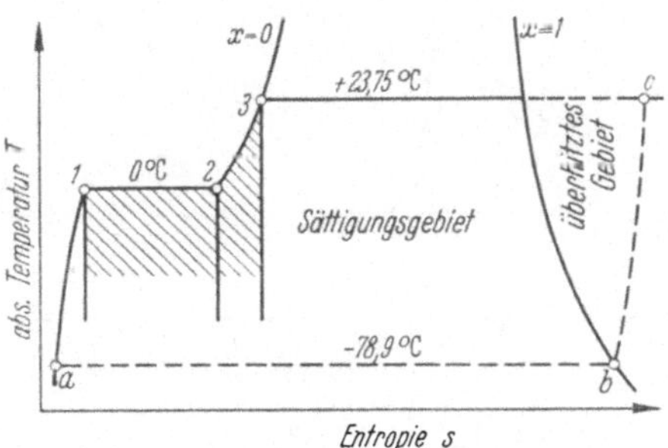

Abb. 48. T,s-Diagramm zu Aufgabe 122.

Es sind stündlich $8400/103,8 = 80,96$ kg Wassereis bereitzustellen. Eis von Kohlendioxyd sublimiert unter 1 at abs bei $-78,9°$ C, wobei 136,9 kcal/kg gebunden werden. Der überhitzte Dampf kann entsprechend $c_p\,(23,8 + 78,9) = 0,197 \cdot 102,6 = 20,2$ kcal aufnehmen.

$$q_0 = 136,9 + 20,2 = 157,1 \text{ kcal/kg};$$
$$G = Q_0/q_0 = 8400/157,1 = 53,5 \text{ kg/h.}$$

In Abb. 48 ist der Vorgang im T, s-Diagramm dargestellt. Wassereis schmilzt von *1* bis *2*, und das Schmelzwasser erwärmt sich von $0°$ auf $23,8°$ C längs einer Isobare, die mit der Grenzkurve $x = 0$ praktisch zusammenfällt. Die unter der Zustandslinie *1—2—3* liegende und bis zur Abszisse $T = 0$ reichende Fläche gibt die aufgenommene Wärmemenge q_0 wieder. Das Verhalten von Kohlendioxyd ist im (Wasser-) T, s-Diagramm durch die gestrichelte Linie angedeutet. Hier wird q_0 durch die unter *a—b—c* liegende Fläche wiedergegeben.

Aufgabe 123. Eine Kohlendioxyd-Kältemaschine arbeitet mit einer Verdampfungstemperatur von $t_0 = -20°$ C. Der Kompressor saugt den CO_2-Dampf trockengesättigt an (*1*) und verdichtet ihn auf $p = 80$ at abs (*2*). Danach wird er bei gleichbleibendem Druck p im überhitzten (überkritischen) Gebiet auf $t_3 = 20°$ C abgekühlt (*2—3*) und auf den Ansaugedruck $p_0 = 20{,}06$ at abs zu $t_0 = -20°$ C gedrosselt (*3—4*) und wieder verdampft (*4—1*), siehe Abb. 49. Wie groß sind Kälteleistung, Arbeitsaufwand, Wärmeabfuhr, Leistungsziffer und spezifische Kälteleistung beim theoretischen Prozeß? Der Vorgang ist im T, s-Diagramm darzustellen.

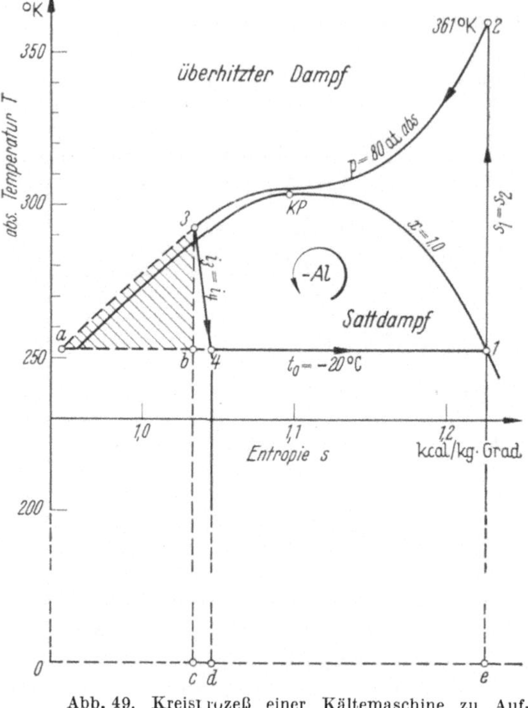

Abb. 49. Kreisprozeß einer Kältemaschine zu Aufgabe 123 (mittels Kohlendioxyd).

Kälteleistung

$$q_0 = i_1 - i_4 = i_1 - i_3$$
$$= 156{,}7 - 110{,}7$$
$$= 46{,}0 \text{ kcal/kg},$$

wobei ist

$$i_1 = i''_0 = 156{,}7 \text{ kcal/kg}$$

und

$$s''_0 - s'_0$$
$$= 0{,}2678 \text{ kcal/kg} \cdot \text{Grad}.$$

Lt. T, s-Diagramm für CO_2 ist $s_4 - s'_0 = 0{,}086$ kcal/kg und

$$x_4 = \frac{s_4 - s'_0}{s''_0 - s'_0} = \frac{0{,}086}{0{,}268}$$
$$= 0{,}321 \text{ kg/kg}$$

und

$$i_4 = 88{,}9 + 0{,}321 \cdot 67{,}8 = 110{,}7 \text{ kcal/kg}$$

mit

$$i'_0 = 88{,}9 \quad \text{und} \quad r_0 = 67{,}8 \text{ kcal/kg}.$$

Arbeit

$$A\,l = i_2 - i_1 = 171{,}2 - 156{,}7 = 14{,}5 \text{ kcal/kg}$$

bei

$$t_2 = 87{,}7° \text{ C} \quad \text{und} \quad i_2 = 171{,}2 \text{ kcal/kg lt. Diagramm}.$$

Wärmeabfuhr

$$q = q_0 + A\,l = 46{,}0 + 14{,}5 = 60{,}5 \text{ kcal/kg}.$$

Leistungsziffer

$$\varepsilon = q_0/A\,l = 46{,}0/14{,}5 = 3{,}17;$$

spez. Kälteleistung

$$K = 860\,\varepsilon = 2730 \text{ kcal/kWh}.$$

Die Fläche *41ed4* ist im (verkleinerten) Diagramm Abb. 49 230,0 cm² groß. Mit $1\text{ cm} \triangleq \dfrac{0,1}{5}$ kcal/kg · Grad und $1\text{ cm} \triangleq 10°$ erhält man

$$q_0 = 230,0 \cdot 10\,\frac{0,1}{5} = 46,0 \text{ kcal/kg}.$$

Die Fläche *ab123a* ist 72,5 cm groß und entspricht der Arbeit

$$A\,l = 72\,5 \cdot 10\,\frac{0,1}{5} = 14,5 \text{ kcal/kg}.$$

Durch das Drosseln entsteht eine Mehrarbeit gemäß der gestrichelten Fläche *ab3a* (Fortfall des Expansionszylinders) und eine Verminderung der Kälteleistung um $T_0(s_4 - s_b)$.

Aufgabe 124. Eine Ammoniak-Kältemaschine arbeitet unter denselben Bedingungen wie die Kohlendioxydmaschine Aufgabe 123 mit $t_0 = -20°$ C und trockenem Ansaugen. Die Temperatur im Verflüssiger sei $t = 30°$ C, und die Unterkühlung gehe bis auf $t_5 = 25°$ C, siehe Abb. 47. Wie groß sind Kälteleistung, Arbeitsaufwand, Wärmeabfuhr, Leistungsziffer und spezifische Kälteleistung? Das Wievielfache an Ammoniak muß für eine bestimmte Kälteleistung umlaufen, verglichen mit Kohlendioxyd?

$$\text{Zu } t_0 = -20°\text{ C:}\quad T_0 = 253°\text{ K};\quad p_0 = 1,940 \text{ at abs};$$

$$i_0'' = 395,5 \text{ kcal/kg} = i_1;\quad v_0'' = v_1 = 0,624 \text{ m}^3/\text{kg};$$

$$s_0'' = s_1 = 2,1710 \text{ kcal/kg} \cdot \text{Grad}.$$

$$\text{Zu } t = +30°\text{ C:}\quad T = 303°\text{ C};\quad p = 11,90 \text{ at abs};$$

$$i' = 133,8;\quad i'' = 407,4 \quad \text{und} \quad r = 273,6 \text{ kcal/kg};$$

$$\text{zu } t_5 = +25°\text{ C:}\quad i_5' = i' = i_6 = 128,1 \text{ kcal/kg}.$$

Kälteleistung

$$q_0 = i_1 - i_6 = i_1 - i_5 = 395,5 - 128,1 = 267,4 \text{ kcal/kg}.$$

Mit $\varkappa = 1,32$ folgt für die Arbeit:

$$i_2 - i_1 = A\,\frac{\varkappa}{\varkappa - 1}\,P_1 v_1 \left[\left(\frac{p}{p_0}\right)^{\frac{\varkappa-1}{\varkappa}} - 1\right]$$

$$= \frac{1,32}{0,32}\,\frac{1,940 \cdot 10^4 \cdot 0,624}{427}\,0,5523 = 64,69 \text{ kcal/kg};$$

aus

$$i_2 - i_1 = i_3 + c_p\,(t_2 - t_3) - i_1$$

folgt mit

$$c_p = 0,492 \text{ kcal/kg} \cdot \text{Grad};\quad t_2 = 137,4°\text{ C}.$$

Wärmeabfuhr

$$q = q_0 + A l = 267,4 + 64,7 = 332,1 \text{ kcal/kg};$$

Leistungsziffer

$$\varepsilon = q_0/A l = 267,4/64,7 = 4,133;$$

spezifische Kälteleistung

$$K = 860\,\varepsilon = 860 \cdot 4,133 = 3550 \text{ kcal/kWh};$$

Leistungsziffer des *Carnot*schen Vergleichsprozesses

$$\varepsilon = T_0/(T - T_0) = 253/50 = 5,06.$$

$$1 \text{ kg Ammoniak kann } q_0 = 267,4 \text{ kcal/kg}$$

und

$$1 \text{ kg Kohlendioxyd} \quad q_0 = \;\; 46,0 \text{ kcal/kg}$$

aufnehmen.

Anzuwendende Menge

$$(q_0)_{\text{NH}_3} \quad \text{zu} \quad (q_0)_{\text{CO}_2} = 1 : 5,81.$$

Von Kohlendioxyd muß 5,81 mal soviel wie von Ammoniak angewandt werden.

VII. Zustandsänderungen von feuchter Luft.

Aufgabe 125. Feuchte Luft von $t = 25°$ C steht unter einem Druck von $h = 840,0$ Torr (Gesamtdruck) und hat eine relative Feuchtigkeit von $\varphi = 70$ vH. Wie groß sind Gewicht der Luft G_L und des Wasserdampfes G_D in 1 m³ feuchter Luft? Wie groß ist das relative Dampfgewicht $x = G_D/G_L$ sowie der Sättigungsgrad $\psi = x/x'$? x' bedeutet das relative Dampfgewicht bei gesättigter Luft von $t°$ C. Wie groß ist das spezifische Gewicht γ und die Enthalpie (bezogen auf $t_0 = 0°$ C) der feuchten Luft? Um das Wievielfache ist trockene Luft schwerer als feuchte?

Sättigungsdruck des Wasserdampfes bei $t = 25°$ C ist

$$h'_D = 23,76 \text{ Torr};$$

Teildruck des Wasserdampfes

$$h_D = \varphi\, h'_D = 0,70 \cdot 23,76 = 16,63 \text{ Torr};$$

Teildruck der Luft

$$h_L = h - h_D = 840,0 - 16,6 = 823,4 \text{ Torr}.$$

$$h_L\, V\, \frac{10\,000}{735,6} = G_L\, R_L\, T$$

oder in 1 m³ ist

$$G_L = \frac{h_L\,V}{2{,}153\,T} = \frac{823{,}4\cdot 1}{2{,}153\cdot 298} = 1{,}1834 \text{ kg Luft}; \qquad G_L = f(h);$$

$$G_D = \frac{h_D\,V}{3{,}464\,T} = \frac{16{,}63\cdot 1}{3{,}464\cdot 298} = 0{,}0161 \text{ kg Wasserdampf}; \qquad G_D \neq f(h);$$

mit $R_L = 29{,}3$ und $R_D = 47{,}1$ m/Grad. Abhängig vom Gesamtdruck h ist

$$x = \frac{G_D}{G_L} = \frac{h_D}{h_L}\,\frac{2{,}153}{3{,}464} = 0{,}622\,\frac{h_D}{h_L} = 0{,}622\,\frac{16{,}63}{823{,}4} = 0{,}01255 \text{ kg/kg};$$

Sättigungsgrad

$$\psi = \varphi\,\frac{h}{h - h_D}\,\frac{h'_D}{} = 0{,}70\,\frac{840{,}0 - 23{,}7}{840{,}0 - 16{,}6} = 0{,}694;$$

$$\gamma = \frac{P}{R_D\,T}\,\frac{1 + x}{0{,}622 + x} = \frac{10000}{735{,}6}\,\frac{840{,}0}{47{,}1\cdot 298}\,\frac{1{,}01255}{0{,}63455} = 1{,}299 \text{ kg/m}^3$$

$$\gamma = \frac{P_D}{R_D\,T}\,\frac{1 + x}{x} = \frac{10000}{735{,}6}\,\frac{16{,}63}{47{,}1\cdot 298}\,\frac{1{,}01255}{0{,}01255} = 1{,}299 \text{ kg/m}^3;$$

Wasserdampf ist $\delta = R_L/R_D = 29{,}3/47{,}1 = 0{,}622$ mal so schwer wie Luft. $\gamma < \gamma_L;$

$$\gamma_L = \frac{10000}{735{,}6}\,\frac{840{,}0}{29{,}3\cdot 298} = 1{,}308 \text{ kg/m}^3$$

und

$$\gamma_L/\gamma = 1{,}308/1{,}299 = 1{,}007.$$

Enthalpie

$$I = 0{,}24\,t + x\,(0{,}46\,t + 597)$$

$$= 0{,}24\cdot 25 + 0{,}01255\cdot (0{,}46\cdot 25 + 597) = 13{,}64 \text{ kcal}$$

je kg Luft oder je $1 + x$ kg Dampf Luft-Gemisch.

Aufgabe 126. Wieviel m³ nehmen 10 kg trockene Luft von $p = 2{,}2$ at abs und $t = 40°$ C ein, wenn sie $x = 0{,}0300$ kg/kg Feuchtigkeit aufnehmen?

$$V = \frac{G_L\,R_L\,T}{P} + \frac{G_D\,R_D\,T}{P} = G_L\,R_D\,\frac{T}{P}\,(0{,}622 + x)$$

$$= 10\,\frac{47{,}1\cdot 313}{2{,}2\cdot 10^4}\,(0{,}622 + 0{,}030) = 4{,}369 \text{ m}^3.$$

Welches ist das spezifische Volumen der feuchten Luft?

$$v = \frac{R_D\,T}{P}\,\frac{0{,}622 + x}{1 + x} = \frac{47{,}1\cdot 313}{22000}\,\frac{0{,}652}{1{,}030} = 0{,}424 \text{ m}^3/\text{kg}$$

oder soviel wie $V/G = 4{,}369/10{,}3 = 0{,}424$ m³/kg.

Aufgabe 127. Wieviel Nm³ trockene Luft sind anzuwenden, wenn durch Befeuchtung 100 m³ gesättigte Luft von 20° C unter 750 Torr hergestellt werden sollen ($\varphi = 1$)?

Bei $t = 20\,^\circ$ C ist der Sättigungsdruck $P'_D = 238{,}3$ kg/m²;

$$V_N = 0{,}0264\,(P - P'_D)\frac{V}{T} = 0{,}0264\left(\frac{750\cdot 10^4}{735{,}6} - 238{,}3\right)\frac{100}{293}$$

$$= 89{,}7 \text{ Nm}^3 \text{ trockene Luft.}$$

Aufgabe 128. Wie groß ist die Enthalpie von zu 90 vH gesättigter Luft bei $t = -10\,^\circ$ C und $p \approx 1$ at abs bezogen auf 1 kg (trockene) Luft und $t_0 = 0\,^\circ$ C?

$$I = 0{,}24\,t + x\,(0{,}46\,t + 597)$$

$$= 0{,}24\cdot(-10) + 0{,}90\cdot 0{,}00165\cdot[0{,}46\cdot(-10) + 597)]$$

$$= -1{,}521 \text{ kcal.}$$

Aufgabe 129. 100 kg Luft von $t_1 = 5\,^\circ$ C sind zu 92 vH gesättigt (Sättigungsgrad $\psi_1 = 0{,}92$). Sie werden bei konstantem Druck ($p \approx 1$ at abs) auf $t_2 = 60\,^\circ$ C erwärmt. Wie groß ist der Sättigungsgrad am Ende und welche Wärmemenge ist zuzuführen?

Bei $t_1 = 5\,^\circ$ C ist $x'_1 = 0{,}00558$ kg/kg und

$$x_1 = \psi_1\,x'_1 = 0.92\cdot 0{,}00558 = 0{,}00513 \text{ kg/kg} = x_2;$$

bei $t_2 = 60\,^\circ$ C ist $x'_2 = 0{,}1585$ kg/kg und

$$\psi_2 = x_2/x'_2 = 0{,}00513/0{,}1585 = 0{,}0324 \qquad \text{(oder 3,24 vH).}$$

Wärmezufuhr

$$Q_{12} = L\,(I_2 - I_1) = L\,(0{,}24 + 0{,}46\,x)\,(t_2 - t_1)$$

$$= 100\cdot(0{,}24 + 0{,}46\cdot 0{,}00513)\cdot(60 - 5) = 1333 \text{ kcal.}$$

Aufgabe 130. Feuchte Luft vom Zustand $t_1 = 80\,^\circ$ C; $\psi_1 = 0{,}10$; $p \approx 1$ at abs wird auf $t_2 = 10\,^\circ$ C bei unveränderlichem Druck abgekühlt. Bei welcher Temperatur beginnt Wasser auszutauen und wieviel Feuchtigkeit fällt aus? Wieviel Wärme ist zu entziehen?

Zu $t_1 = 80\,^\circ$ C: $x'_1 = 0{,}580$ und $x_1 = 0{,}10\cdot 0{,}580 = 0{,}0580 = x_2$;

zu $t_2 = 10\,^\circ$ C: $x'_2 = 0{,}00788 < x_2$.

$$x_1 = x_2 = x' \quad \text{bei} \quad 42{,}35\,^\circ \text{C (Taupunkt);}$$

Wasserausfall:

$$x_1 - x'_2 = 0{,}0580 - 0{,}0079 = 0{,}0501 \text{ kg/kg Luft.}$$

Enthalpie im Anfangszustand

$$I_1 = 0{,}24\cdot 80 + 0{,}0580\cdot(0{,}46\cdot 80 + 597) = 55{,}96 \text{ kcal/kg Luft;}$$

Enthalpie im Endzustand

$$I_2 = 0{,}24\cdot 10 + 0{,}00788\cdot(0{,}46\cdot 10 + 597) + 0{,}0501\cdot 10$$

$$= 7{,}64 \text{ kcal/kg Luft;}$$

Wärmeentzug

$$Q_{12} = I_2 - I_1 = 7{,}64 - 55{,}96 = -48{,}32 \text{ kcal/kg Luft.}$$

Welches ist das Ergebnis bei Abkühlung auf $t_2 = -10^\circ$ C?

Zu $t_2 = -10^\circ$ C gehört $x_2' = 0{,}001\,65$ kg/kg; Ausfall an Eis:

$$x_1 - x_2' = 0{,}058\,00 - 0{,}001\,65 = 0{,}056\,35 \text{ kg/kg Luft.}$$

Man findet

$$I_2 = 0{,}24 \cdot (-10) + 0{,}001\,65\,[0{,}46 \cdot (-10) + 597]$$
$$+ 0{,}0564\,[-80 + 0{,}5 \cdot (-10)] = -6{,}21 \text{ kcal}$$

und

$$I_2 - I_1 = -6{,}21 - 55{,}96 = -62{,}17 \text{ kcal/kg Luft}$$

als Wärmeentzug.

Aufgabe 131. Feuchte Luft von $\psi_1 = 0{,}30$ und $t_1 = 12^\circ$ C soll mittels Sattdampf von 160° C in den Zustand $\psi_2 = 0{,}90$ und $t_2 = 30^\circ$ C gebracht werden. Wieviel Dampf ist je kg Luft erforderlich?
($p \approx 1$ at abs).

Zu $t_1 = 12^\circ$ C: $x_1' = 0{,}009\,02$ und $x_1 = \psi_1 x_1' = 0{,}30 \cdot 0{,}009\,02$
$= 0{,}002\,71$ kg/kg;

zu $t_2 = 30^\circ$ C: $x_2' = 0{,}028\,14$ und $x_2 = \psi_2 x_2' = 0{,}90 \cdot 0{,}028\,14$
$= 0{,}025\,33$ kg/kg;

Feuchtigkeitszunahme

$$x_2 - x_1 = 0{,}025\,33 - 0{,}002\,71 = 0{,}022\,62 \text{ kg/kg;}$$

Enthalpie Sattdampf von 160° C: $i_D'' = 658{,}3$ kcal/kg;
Wärmebilanz:

$$I_D = (x_2 - x_1)\, i_D'' = 0{,}022\,62 \cdot 658{,}3 = 14{,}89 \text{ kcal/kg Luft;}$$
$$I_1 = 0{,}24 \cdot 12 + 0{,}002\,71 \cdot (0{,}46 \cdot 12 + 597) = 4{,}51 \text{ kcal/kg Luft;}$$
$$I_2 = 0{,}24 \cdot 30 + 0{,}025\,33 \cdot (0{,}46 \cdot 30 + 597) = 22{,}67 \text{ kcal/kg Luft;}$$
$$I_D + I_1 = 14{,}89 + 4{,}51 = 19{,}40 < I_2 = 22{,}67 \text{ kcal/kg Luft.}$$

Die Luft muß gleichzeitig noch erwärmt werden um

$$I_2 - (I_D + I_1) = 22{,}67 - 19{,}40 = 3{,}27 \text{ kcal}$$

je kg Luft in der Dampf-Luft-Mischung.

Aufgabe 132. Welche Enthalpie müßte der Dampf von Aufgabe 131 haben, damit die feuchte Luft nur durch Dampfzufuhr, also ohne zusätzliche Anwärmung, von t_1, ψ_1 auf t_2, ψ_2 gelangt? Lösung mittels I, x-Diagramm, siehe Abb. 50. Eingetragen sind Zustand t_1, ψ_1, x_1

und Zustand t_2, ψ_2, x_2. Ferner ist eine Parallele zur Dampfisotherme $t_D = 160°$ C gestrichelt (oder unter Verwendung des Randmaßstabes) durch den Ursprung eingezeichnet, die die Neigung

$$\frac{dI}{dx} = i''_D = 658{,}3$$

hat. Die Parallele zur Linie $t_D = 160°$ C durch den Anfangspunkt *1* schneidet die Wasserisotherme $30°$ C im Punkt *2'* bei

$$x_2, = 0{,}0340 \text{ kg/kg}.$$

Es heißt dies, würde man $x_2, - x_1 = 0{,}0340 - 0{,}0027 = 0{,}0313$ kg Sattdampf von $160°$ C je kg Luft zuführen, anstatt $x_2 - x_1 = 0{,}0226$ kg, so würde zwar die feuchte Luft auf $30°$ C erwärmt werden, aber es wären nur

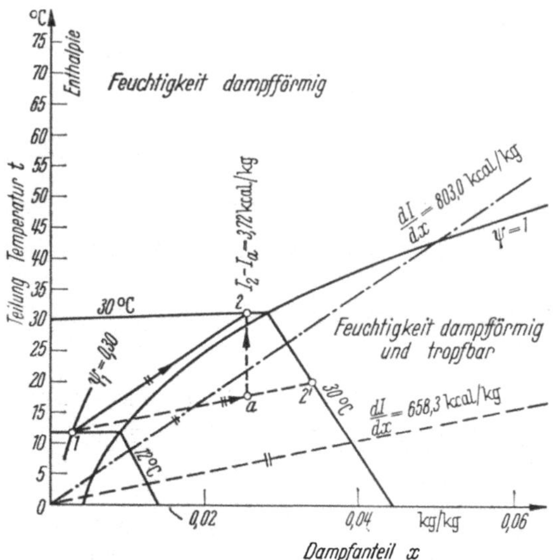

Abb. 50. Mischung feuchter Luftmengen im I, x-Diagramm zu Aufgabe 131/132.

$x'_2 = 0{,}0281$ kg in Dampfform und $0{,}0313 - 0{,}0281 = 0{,}0032$ kg in tropfbarer Form enthalten; die Luft wäre vernebelt. Wendet man hingegen einen Dampf von

$$I_2 - (I_D + I_1) = (x_2 - x_1)\,(i_D - i''_D)$$

oder

$$i_D = \frac{3{,}27}{0{,}0226} + 658{,}3 = 803{,}0 \text{ kcal/kg}$$

Enthalpie an, so wird der Zustand *2* durch Zumischen von $x_2 - x_1 = 0{,}0226$ kg je kg Luft allein gerade erreicht. Die strichpunktierte Linie

$$\frac{dI}{dx} = 803{,}0$$

hat dieselbe Neigung wie die Zustandslinie von *1* bis *2*, nämlich

$$\frac{I_2 - I_1}{x_2 - x_1} = \frac{22{,}67 - 4{,}51}{0{,}0226} = 803{,}0 \text{ kcal/kg}.$$

Aufgabe 133. Ein zweistufiger Luftverdichter saugt Feuchtluft vom Zustand $t_1 = 15°$ C, $p_1 = 1$ at abs, $\psi_1 = 0{,}75$ an und verdichtet sie in der ersten Stufe polytropisch ($n = 1{,}2$) auf $p_2 = 3$ at abs. Die Luft gelangt dann in einen Zwischenkühler, wo sie unter gleichbleibendem Druck p_2 auf $t_3 = 25°$ C abgekühlt wird. Wieviel Wasser fällt im Zwischenkühler aus und wieviel Wärme muß der Luft dort entzogen werden? Danach wird die Luft in der zweiten Stufe auf $p_3 = 9$ at abs verdichtet ($n = 1,3$). Welches ist der Endzustand?

Zu $t_1 = 15°$ C: $x_1' = 0,01100$ und $x_1 = \psi_1\, x_1' = 0,75 \cdot 0,01100$

$$x_1 = x_2 = 0,00825 \text{ kg/kg};$$

$$x_3 = x_3' = 0,622\,\frac{\varphi\, h_D'}{h - \varphi\, h_D'} = \frac{0,622 \cdot 1,0 \cdot 23,76}{735,6 \cdot 3 - 1 \cdot 23,76} = 0,00677 \text{ kg/kg};$$

mit $h_D' = 23,76$ Torr zu $t_3 = 25°$ C.

Wasserausfall

$$x_2 - x_3 = 0,00825 - 0,00677 = 0,00148 \text{ kg/kg Luft}.$$

Mit

$$\left(\frac{p_2}{p_1}\right)^{\frac{n-1}{n}} = 3^{0,2/1,2} = 1,201 = \frac{T_2}{T_1}$$

folgt

$$T_2 = 1,201 \cdot 288 = 345,9° \text{ K}; \qquad t_2 = 72,9° \text{ C}.$$

Damit erhält man für die Enthalpie

$$I_2 = 0,24 \cdot 72,9 + 0,00825 \cdot (0,46 \cdot 72,9 + 597) = 22,71 \text{ kcal/kg};$$

$$I_3 = 0,24 \cdot 25 + 0,00677 \cdot (0,46 \cdot 25 + 597) = 10,06 \text{ kcal/kg};$$

Wärmeentzug

$$I_3 - I_2 = 10,06 - 22,71 = -12,65 \text{ kcal/kg Luft}.$$

Endzustand:

$$\left(\frac{p_4}{p_2}\right)^{\frac{n-1}{n}} = 3^{0,3/1,3} = 1,289; \qquad T_4 = 2,98 \cdot 1.289 = 384,1°\text{C};$$

$t_4 = 111,1°$ C; $\quad x_4 = x_3' = 0,00677$. Sättigungsdruck des Wasserdampfes bei $111,1°$ C ist $p_{D4}' = 1,519$ at abs. Aus

$$x_4 = 0,622\,\frac{\varphi_4\, p_{D4}'}{p_4 - \varphi_4\, p_{D4}'} = 0,622\,\frac{\varphi_4\, 1,519}{9,000 - \varphi_4\, 1,519} = 0,00677$$

folgt

$$\varphi_4 = 0,0638;$$

zu $\varphi_4 = 1$ ergibt sich

$$x_4' = 0,622\,\frac{1,519}{9,000 \cdot 1,519} = 0,1263 \text{ kg/kg}$$

und

$$\psi_4 = x_4/x_4' = 0,00677/0,1263 = 0,0536.$$

Wenn sich die Preßluft in der Druckleitung allmählich wieder bis auf $20°$ C abkühlt, so fällt wegen $x' = 0,01519$ zu $20°$ C und $x = x_4 < x'$

keine Feuchtigkeit aus. Die Luft ist dann zu

$$\varphi = 0{,}00677/0{,}01519 = 0{,}446$$

oder 44,6 vH gesättigt.

Aufgabe 134. Feuchte Luft vom Zustand $t_1 = 20°$ C und $\psi_1 = 0{,}80$ wird mit feuchter Luft vom Zustand $t_2 = 60°$ C und $\psi_2 = 0{,}30$ ge-

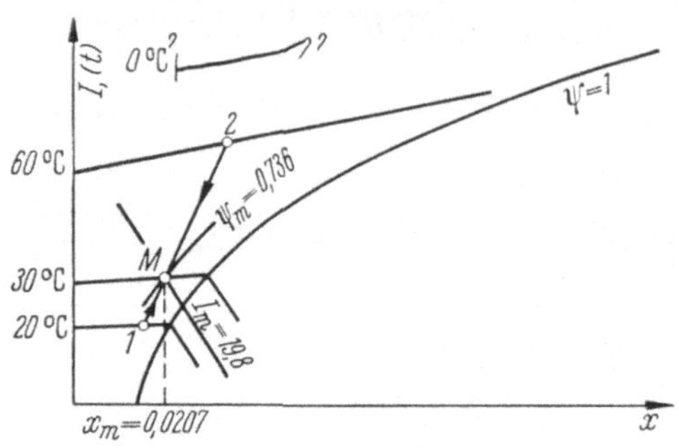

Abb. 51. I, x-Diagramm zu Aufgabe 134.

mischt, um 600 kg feuchte Luft vom Zustand $t_m = 30°$ C zu bereiten. Welche Gewichte an feuchter Luft vom Zustand 1 und 2 sind erforderlich? Welchen Sättigungsgrad ψ_m hat das Gemisch? ($p \approx 1$ at abs).

Im I, x-Diagramm (Ausschnitt Abb. 51) werden die Zustandspunkte 1 ($t_1 = 20°$ C, $\psi_1 = 0{,}80$) und 2 ($t_2 = 60°$ C, $\psi_2 = 0{,}30$) durch eine Gerade verbunden.

Diese Mischungsgerade schneidet die Isotherme $t_m = 30°$ C in M bei $x_m = 0{,}0207$ kg/kg und $I_m = 19{,}8$ kcal/kg.

Zu $t_m = 30°$ C gehört $x'_m = 0{,}02814$, also

$$\psi_m = x_m/x'_m = 0{,}0207/0{,}0281 = 0{,}736\,.$$

Die Strecke von 1 bis 2 wird in M geteilt in

$$(1 \text{ bis } M):(M \text{ bis } 2) = 1:3{,}20 = L_2:L_1\,.$$

Aus $L_m\,(1 + x_m) = 600$ kg folgt über

$$L_m = 600/(1 + 0{,}0207) = 587{,}8 \text{ kg Luft}$$

die Beziehung

und

$$L_1 + L_2 = 587{,}8 \text{ kg}$$

$$3{,}20\,L_2 + L_2 = 587{,}8;\quad L_1 = 447{,}7 \quad \text{und} \quad L_2 = 140{,}1 \text{ kg}.$$

Anzuwendende Feuchtluftmengen mit

$$x_1 = \psi_1\,x'_1 = 0{,}80 \cdot 0{,}0152 = 0{,}0122 \text{ kg/kg}$$

und

$$x_2 = x/x'_2 = 0{,}30 \cdot 0{,}1585 = 0{,}0476 \text{ kg/kg}\,;$$

$$L_1\,(1 + x_1) = 447{,}7 \cdot 1{,}0122 = 453{,}2 \text{ kg};$$

$$L_2\,(1 + x_2) = 140{,}1 \cdot 1{,}0476 = 146{,}8 \text{ kg};$$

zusammen 600,0 kg feuchte Luft.

Wärmebilanz:

$$L_1 I_1 + L_2 I_2 = L_m I_m$$

$$447{,}7 \cdot 12{,}1 + 140{,}1 \cdot 44{,}1 = 587{,}8 \cdot 19{,}8 = 11\,600 \text{ kcal}.$$

Aufgabe 135. $L_1 = 100$ kg gesättigte Luft von $t_1 = 10°$ C und $L_2 = 200$ kg feuchte Luft von $t_2 = 50°$ C und $\psi_2 = 0,90$ werden gemischt. Wieviel Feuchtigkeit taut aus? ($p \approx 1$ at abs). Welche Wärmemenge ist dem Gemisch bei konstantem Druck zuzuführen, damit gerade ein nebelfreies Gemisch entsteht? Wieviel kg Feuchtluft sind im Endzustand vorhanden?

Im I, x-Diagramm Abbildung 52 sind die beiden Zustandspunkte 1 ($t_1 = 10°$ C, $\psi_1 = 1,00$) und 2 ($t_2 = 50°$ C, $\psi_2 = 0,90$) eingetragen. Die Mischungsgerade von 1 bis 2 ist im Verhältnis

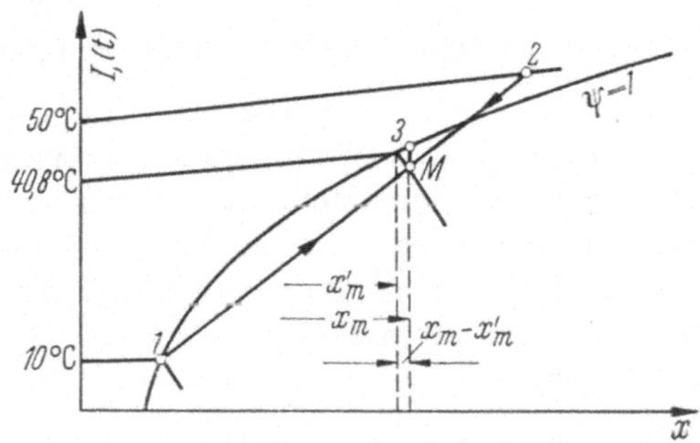

Abb. 52. I, x-Diagramm zu Aufgabe 135.

$$\frac{L_1}{L_2} = \frac{100}{1 + x_1'} \frac{1 + x_2}{200} = \frac{99,22}{185,08} = 1 : 1,865$$

mit $x_1' = 0,007\,88$ und $x_2' = 0,0895$; $x_2 = 0,90 \cdot 0,0895 = 0,0806$ zu teilen, wobei man $x_m = 0,0543$ kg/kg und $t_m = 40,8°$ C findet. Zu $40,8°$ C gehört $x_m' = 0,0530$ kg/kg. Es fallen

$$x_m - x_m' = 0,0543 - 0,0530 = 0,0013 \text{ kg}$$

Wasser je kg Luft aus.
Gesamte Luftmenge

$$L_1 + L_2 = 99,22 + 185,08 = 284,30 \text{ kg.}$$

Wasserausfall

$$(L_1 + L_2)(x_m - x_m') = 284,3 \cdot 0,0013 = 0,370 \text{ kg.}$$

I_m aus I, x-Diagramm $= 42,2$ kcal/kg Luft; $I_3 = 43,3$ kcal/kg Luft im Endzustand.
Wärmezufuhr

$$I_3 - I_m = 43,3 - 42,2 = 1,1 \text{ kcal/kg}$$

Luft und insgesamt

$$(L_1 + L_2)(I_3 - I_m) = 284,3 \cdot 1,1 = 312,7 \text{ kcal.}$$

Dabei ist

$$t_3 = 41,3° \text{ C} \quad \text{und} \quad x_3 = x_3' = x_m = 0,0543$$

und die Feuchtluftmenge

$$L_3 = L_m = (L_1 + L_2)(1 + x_3) = 284,3 \cdot 1,0543 = 299,7 \text{ kg.}$$

VIII. Verbrennung.

Aufgabe 136. Die Elementaranalyse einer Ruhr-Eßkohle ergab

$$c_1 + h_1 + o_1 + n_1 + s_1 + w_1 + a_1 = 1$$
$$= 0{,}760 + 0{,}039 + 0{,}038 + 0{,}010 + 0{,}008 + 0{,}085 + 0{,}060$$

(c = Kohlenstoff, h = Wasserstoff, o = Sauerstoff, n = Stickstoff, s = Schwefel, w = Wasser und a = Asche in kg/kg). Der obere Heizwert wurde in der kalorimetrischen Bombe zu $H_{o_1} = 7460$ kcal/kg gemessen. Wie setzt sich die Reinkohle zusammen? Wie groß ist der untere Heizwert? Prüfe die Genauigkeit der Verbandsformel an Hand des obengenannten Heizwertes nach.

Reinkohle

$$\text{über } c = \frac{c_1}{1 - w_1 - a_1} = \frac{0{,}760}{1 - 0{,}085 - 0{,}060} = 0{,}889 \text{ usf.}$$

$$c + h + o + n + s$$
$$= 0{,}889 + 0{,}046 + 0{,}044 + 0{,}012 + 0{,}009 = 1{,}000 \text{ kg/kg};$$

$$H_o = \frac{H_{o_1}}{1 - w_1 - a_1} = \frac{7460}{0{,}855} = 8725 \text{ kcal/kg der Reinkohle};$$

$$H_u = H_o - 9\,h\,597 = 8725 - 9 \cdot 0{,}046 \cdot 597 = 8478 \text{ kcal/kg}.$$

Rohkohle bei $w_1 = 0{,}085$ kg/kg Wasser

$$H_{u\,1} = H_{o_1} - (9\,h_1 + w_1) \cdot 597 = 7460 - (9 \cdot 0{,}039 + 0{,}085) \cdot 597$$
$$= 7200 \text{ kcal/kg};$$

Verbandsformel

$$H_{u_1} = 8100\,c_1 + 29000\left(h_1 - \frac{o_1}{8}\right) + 2500\,s_1 - 600\,w_1$$
$$= 8100 \cdot 0{,}760 + 29000 \cdot (0{,}039 - 0{,}038/8) + 2500 \cdot 0{,}008 -$$
$$- 600 \cdot 0{,}085 = 7217 \text{ kcal/kg}$$

(an sich ist der Schwefelgehalt nur zu 80 vH verbrennlich, was zu 7213 kcal/kg führt). Die Verbandsformel gibt für derartige Steinkohlen fast genaue Werte.

Aufgabe 137. Wie ändern sich Aschegehalt und Heizwert der Rohkohle, wenn die Feuchtigkeit auf 12,0 vH zunimmt (zu Aufgabe 136)? Bei $w_2 = 0{,}120$ kg/kg Wasser findet man

$$a_2 = a_1 \frac{1 - w_2}{1 - w_1} = 0{,}60\,\frac{1 - 0{,}120}{1 - 0{,}085} = 0{,}0577 \quad \text{oder rd. 5,8 vH}$$

$$H_{o_2} = H_{o_1} \frac{1 - w_2}{1 - w_1} = 7460\,\frac{0{,}880}{0{,}915} = 7175 \text{ kcal/kg};$$

$$H_{u_2} = \frac{1 - w_2}{1 - w_1}\left[H_{u_1} - \frac{w_2 - w_1}{1 - w_2}\,597\right] = 6900 \text{ kcal/kg}$$

oder

$$\frac{H_{u_2} + 600}{H_{u_1} + 600} \approx \frac{1 - w_2}{1 - w_1}; \quad H_{u_2} = \frac{0{,}880}{0{,}915}(7200 + 600) - 600 = 6900\ \text{kcal/kg}.$$

Aufgabe 138. Wie groß sind für die Eßkohle von Aufgabe 136 die Kennzahlen σ und ν, O_{min} und L_{min}? Welche Zusammensetzung haben die Verbrennungsgase bei vollkommener Verbrennung bei 48 vH Luftüberschuß?

Sauerstoffkennzahl

$$\sigma = 1 + \frac{3}{c}\left(h - \frac{o - s}{8}\right) = 1 + \frac{3}{0{,}760}\left(0{,}039 - \frac{0{,}030}{8}\right) = 1{,}139;$$

Stickstoffkennzahl

$$\nu = \frac{n/28}{c/12} = \frac{3}{7}\frac{0{,}010}{0{,}760} = 0{,}00561 \approx 0;$$

Mindestsauerstoffbedarf und -luftbedarf

$$O_{min} = 1{,}867\, c\, \sigma = 1{,}867 \cdot 0{,}760 \cdot 1{,}139 = 1{,}616\ \text{Nm}^3/\text{kg Kohle};$$

$$L_{min} = O_{min}/0{,}21 = 7{,}70\ \text{Nm}^3/\text{kg Kohle}.$$

Verbrennungsgase bei Luftüberschußzahl $\lambda = 1{,}48$ in Nm^3/kg

$$
\begin{aligned}
CO_2 &= 1{,}867\, c = 1{,}867 \cdot 0{,}760 & &= 1{,}419 \\
H_2O &= 11{,}20\, h + 1{,}24\, w = 11{,}20 \cdot 0{,}039 + 1{,}24 \cdot 0{,}085 & &= 0{,}543 \\
SO_2 &= 0{,}70\, s = 0{,}70 \cdot 0{,}008 & &= 0{,}006 \\
O_2 &= (\lambda - 1)\, O_{min} = (1{,}48 - 1{,}00) \cdot 1{,}616 & &= 0{,}776 \\
N_2 &= \frac{79}{21}\lambda\, O_{min} + 0{,}80\, n = \frac{79}{21} 1{,}48 \cdot 1{,}616 + 0{,}80 \cdot 0{,}010 \\
& & &= \underline{9{,}006} \\
& V_f \text{ Menge der feuchten Verbrennungsgase} & &= 11{,}750
\end{aligned}
$$

oder

$$
\begin{aligned}
V_f &= L + 5{,}60\, h + 0{,}70\, o + 0{,}80\, n + 1{,}24\, w \\
&= 1{,}48 \cdot 7{,}70 + 5{,}60 \cdot 0{,}039 + 0{,}70 \cdot 0{,}038 + 0{,}80 \cdot 0{,}010 \\
&\quad + 1{,}24 \cdot 0{,}085 = 11{,}754\ \text{Nm}^3/\text{kg Kohle};
\end{aligned}
$$

Volumen der trockenen Rauchgase

$$V_t = V_f - H_2O = 11{,}752 - 0{,}543 = 11{,}209\ \text{Nm}^3/\text{kg}$$

und deren Zusammensetzung in vH

$$CO_2 + O_2 + N_2 = 12{,}67 + 6{,}93 + 80{,}40 = 100{,}00,$$

wobei SO_2 zu N_2 geschlagen ist.

Aufgabe 139. Wie groß ist für die Eßkohle Aufgabe 136 der maximale CO_2-Gehalt im Abgas? Prüfe die Luftüberschußzahl nach.

$$\max(CO_2) = \frac{0,21}{0,79\,\sigma + 0,21\,(v+1)} = \frac{0,21}{0,79 \cdot 1,139 + 0,21 \cdot 1,005\,64} = 0,189$$

oder 18,9 vH oder angenähert mit $v \approx 0$

$$\max(CO_2) = \frac{1}{1 + 3,76 \cdot \sigma} = \frac{1}{1 + 3,76 \cdot 1,139} = 0,189,$$

wobei

$$\lambda \approx \frac{\max CO_2}{CO_2} = \frac{0,189}{0,1267} = 1,492$$

oder

$$\lambda \approx \frac{0,21}{0,21 - O_2} = \frac{0,21}{0,21 - 0,0693} = 1,492,$$

genauer

$$\lambda = \frac{0,21}{\sigma}\left(\frac{1}{CO_2} + \sigma - 1 - v\right)$$

$$= \frac{0,21}{1,139}\left(\frac{1}{0,1267} + 1,139 - 1 - 0,006\right) = 1,480$$

ist.

Aufgabe 140. Bei welcher Abgastemperatur beginnt das Verbrennungswasser bei der Kohle Aufgabe 136 mit $\lambda = 1,48$ auszutauen?

$$H_2O = 0,543 \text{ Nm}^3/\text{kg Wassergehalt}; \quad H_2O = V_f - V_t;$$

$$r_D = 100\,\frac{V_f - V_t}{V_f} = 100\,\frac{0,543}{11,752} = 4,61 \text{ vH};$$

$p = 1$ at abs; $h = 735,6$ Torr; $h_D = h'_D = 0,0461 \cdot 735,6 = 33,91$ Torr; Sättigungstemperatur bei 33,91 Torr Sättigungsdruck ist $t_s = 31,1°$ C.

Aufgabe 141. Mit dem Orsatapparat findet man im Abgas einer Kohle

$$CO_2 = 14,5 \text{ vH} \quad \text{und} \quad O_2 = 5,0 \text{ vH}.$$

Wie groß ist die Kennzahl σ und die Luftüberschußzahl λ?

$$\lambda = \frac{1 - (CO_2 + O_2)}{1 + 3,76\,CO_2 - 4,76\,(CO_2 + O_2)}$$

$$= \frac{1 - 0,195}{1 + 3,76 \cdot 0,145 - 4,76 \cdot 0,195} = 1,305;$$

Sauerstoffkennzahl σ aus

$$CO_2 = \frac{0,21}{(\lambda - 0,21)\,\sigma + 0,21}; \quad \sigma = 1,131.$$

Aufgabe 142. Wie groß ist der (fühlbare) Abgasverlust bei der Kohle Aufgabe 136 mit $\lambda = 1,48$, wenn das Abgas mit 220° C entweicht und die Außentemperatur 20° C beträgt?

$$Q_a \approx \left[0,32 \frac{1,87\,c}{CO_2} + 0,48\,(9\,h + w) \right] (t_2 - t_1)$$

$$= \left[0,32 \frac{1,87 \cdot 0,760}{0,1267} + 0,48\,(9 \cdot 0,039 + 0\ 085) \right] 200 = 760 \text{ kcal/kg}$$

oder

$$Q_a \approx 0,32 \left[V_{\min} + (\lambda - 1)\,L_{\min} \right] (t_2 - t_1)$$

$$= 0,32 \left[8,052 + 0,48 \cdot 7,70 \right] \cdot 200 = 752 \text{ kcal/kg}$$

mit $V_{\min}$ als Volumen der feuchten Rauchgase bei theoretischer Verbrennung $(\lambda = 1)$ ist gleich $V_f - (\lambda - 1)\,L_{\min} = 8,052 \text{ Nm}^3/\text{kg}$.

Anteiliger Abgasverlust

$$q_a = Q_a/H_u = 756/7200 = 0,105 \quad \text{oder} \quad 10,5 \text{ vH}.$$

Aufgabe 143. Welche Sauerstoffkennzahl hat Naphthalin $C_m H_n = C_{10} H_8$? Zu ermitteln sind Luftbedarf und Verbrennungsgase bei theoretischer und bei Verbrennung mit 50 vH Luftüberschuß. Welche Raumzunahme stellt sich bei der Verbrennung ein?

Molekulargewicht

$$M = 12\,m + n = 12 \cdot 10 + 8 = 128;$$

Sauerstoffkennzahl

$$\sigma = 1 + n/4m = 1 + 8/40 = 1,20;$$

Sauerstoffbedarf

$$O_{\min} = \left(m + \frac{n}{4} \right) \frac{22,4}{M} = (10 + 2) \frac{22,4}{128} = 2,10 \text{ Nm}^3/\text{kg};$$

Luftbedarf

$$L_{\min} = O_{\min}/0,21 = 2,10/0,21 = 10 \text{ Nm}^3/\text{kg}.$$

Verbrennungsgase in Nm³/kg bei vollkommener Verbrennung

	$\lambda = 1,0$	$\lambda = 1,5$
Kohlendioxyd CO_2	1,75	1,75
Wasserdampf H_2O	0,70	0,70
Sauerstoff O_2	—	1,05
Stickstoff N_2	7,90	11,85
feuchtes Abgas V_f	10,35	15,35
trockenes Abgas $V_t = V_f - H_2O$ . .	9,65	14,65
Kohlendioxyd in vH	18,13	11,95
Sauerstoff in vH	—	7,17
Stickstoff in vH	81,87	80,88
	100,00	100,00

mit

$$\text{Kohlendioxyd } CO_2 = m \frac{22,4}{M} \, Nm^3/kg;$$

$$\text{Wasserdampf } H_2O = \frac{n}{2} \frac{22,4}{M} \, Nm^3/kg;$$

$$\text{Sauerstoff} \qquad O_2 = (\lambda - 1) \, O_{min} \, Nm^3/kg;$$

$$\text{Stickstoff} \qquad N_2 = \frac{79}{21} \, \lambda \, O_{min} \, Nm^3/kg.$$

$$\text{Dilatation} \qquad \Delta V = \frac{n}{4} - 1 = 2 - 1 = + 1;$$

die Verbrennungsgase nehmen den doppelten Raum ein wie das gasförmige Naphthalin.

Aufgabe 144. Mit einer kalorimetrischen Bombe wird der obere Heizwert von Naphthalin $C_{10}H_8$ in der Sauerstoffatmosphäre bestimmt. Der Rauminhalt der Bombe ist 0,45 l. Anfangs- und Endtemperatur 15° C, Enddruck gemessen 17,50 at Überdruck. Am Ende wird ein CO_2-Gehalt von 28 vH gemessen. Wieviel Naphthalin wurde verbrannt? Wie hoch war der Anfangsdruck bei Anwendung von reinem Sauerstoff?

Bei der vollkommenen Verbrennung von $C_{10}H_8$ bilden sich lt. Aufgabe 143 je kg 1,75 Nm³ CO_2 und 0,70 Nm³ H_2O. Bei 18,50 at abs Enddruck ergibt sich das trockene Volumen des Verbrennungsgases zu

$$V_N = \frac{T_N}{P_N} \frac{PV}{T} = \frac{273}{1,033} \frac{18,50 \cdot 0,00045}{288} = 0,00764 \, Nm^3$$

28 vH von 0,00764 Nm³ = 0,00214 Nm³ ist Kohlendioxyd. Verbrannt wurden mithin

$$G = 1000 \frac{0,00214}{1,75} = 1,223 \text{ g Naphthalin}.$$

Gebildet wurden

$$0,00214 \frac{0,70}{1,75} = 0,000856 \, Nm^3 \text{ Wasserdampf};$$

nach Abkühlen fallen aus

$$0,000856 \, Nm^3 \cdot 804 \, g/Nm^3 = 0,688 \text{ g Wasser}.$$

Das feuchte Volumen des Verbrennungsgases beträgt

$$0,00764 + 0,000856 = 0,00850 \, Nm^3.$$

Im Endzustand enthält die Bombe

$$0,002\,14 \ \mathrm{Nm^3\ CO_2} \quad \text{und}$$

$$0,007\,64 - 0,002\,14$$

$$= 0,005\,50 \ \mathrm{Nm^3\ O_2}.$$

Wenn $O_{\min} = 2,10 \ \mathrm{Nm^3/kg}$ ist, so verbrauchen 1,223 g Naphthalin

$$1,223 \cdot 2,10/1000$$

$$= 0,002\,57 \ \mathrm{Nm^3\ O_2}.$$

Demnach waren anfangs

$$0,005\,50 + 0,002\,57$$

$$= 0,008\,07 \ \mathrm{Nm^3\ O_2}$$

in der Bombe vorhanden oder $0,008\,07 \cdot 1,429 = 0,011\,53 \ \mathrm{kg\ O_2}$. Der Anfangsdruck war

$$p = \frac{p_N V_N}{T_N}\frac{T}{V}$$

$$= \frac{1,033 \cdot 0,008\,07}{273} \frac{288}{0,000\,45}$$

$$= 19,54 \ \mathrm{at\ abs}$$

oder 18,54 at Überdruck.

Aufgabe 145. Gegeben ist ein Leuchtgas in der Zusammensetzung nach Raumteilen von

H_2	CH_4	C_2H_4	CO	CO_2	N_2
48	32	4	10	3	3

Wie groß ist der obere und der untere Heizwert? Welches sind die Abgaszusammensetzung in $\mathrm{Nm^3/Nm^3}$ Gas bei vollkommener Verbrennung mit $\lambda = 1,22$ Luftüberschußzahl, die Anteile des trockenen Abgases und die Gemischkonstante für das Leuchtgas und die feuchten Abgase? Welche Raumänderung tritt bei der Verbrennung ein? Welches ist der Heizwert des Gases bei 1,050 at abs und 200° C?

Gas	r	M	$r_i M_i$	H_0	$r_i H_{0i}$	$O_{\min}$	$r_i(O_{\min})_i$	$[C_p]_0^{200}$	$r_i[C_{pi}]_0^{200}$	CO_2	H_2O	$r_i CO_{2i}$	$r_i H_2O_i$	$r_i O_{2i}$	$r_i N_{2i}$
	$\mathrm{m^3/m^3}$	—	—	kcal/Nm³		$\mathrm{Nm^3/Nm^3}$		kcal/kmol · Grad		$\mathrm{Nm^3/Nm^3}$ Gasanteil		$\mathrm{Nm^3/Nm^3}$ Leuchtgas			
H_2	0,48	2	0,96	3050	1464	0,5	0,24	6,95	3,34	—	1	—	0,48	—	—
CH_4	0,32	16	5,12	9520	3046	2,0	0,64	9,40	3,01	1	2	0,32	0,64	—	—
C_2H_4	0,04	28	1,12	15290	612	3,0	0,12	12,46	0,50	2	2	0,08	0,08	—	—
CO	0,10	28	2,80	3020	302	0,5	0,05	7,00	0,70	1	—	0,10	—	—	—
CO_2	0,03	44	1,32	—	—	—	—	9,65	0,29	1	—	0,03	—	—	—
N_2	0,03	28	0,84	—	—	—	—	7,00	0,21	—	—	—	—	—	0,03
Summe	1,00	—	12,16	—	5424	—	1,05	—	8,05	—	—	0,53	1,20	—	0,03

$$\lambda = 1,22; \quad r_i O_{2i} = (\lambda - 1) O_{\min} = 0,22 \cdot 1,05 = \quad | \ 0,23$$
$$\text{aus Luft:} \quad N_2 = \tfrac{79}{21} \cdot 1,05 \cdot 1,22 = \quad | \ 4,82$$
$$\text{Summe} \quad | \ 0,23 \ | \ 4,85$$

Gas	trockenes Abgas		feuchtes Abgas			
	Nm^3/Nm^3	$r\ m^3/m^3$	Nm^3/Nm^3	$r\ m^3/m^3$	M	$r_i M_i$
CO_2	0,53	0,095	0,53	0,078	44	3,42
O_2	0,23	0,041	0,23	0,034	32	1,08
N_2	4,85	0,864	4,85	0,712	28	19,94
H_2O	—	—	1,20	0,176	18	3,17
Summe	5,61 $= V_t$	1,000 in V_t	6,81 $= V_f$	1,000 in V_f	—	27,61

$$H_u = 5424 - 1{,}200 \cdot 480 = 4848 \text{ kcal/Nm}^3;$$

Leuchtgaskonstante

$$R = 848/12{,}16 = 69{,}74 \text{ m/Grad.}$$

Mit

$$\frac{V}{V_N} = \frac{P_N\,T}{T_N\,P} = \frac{1{,}033}{1{,}050}\ \frac{473}{273} = 1{,}704$$

ist der obere Heizwert des Leuchtgases bei 1,050 at abs und 200° C

$$H_o = \frac{5424}{1{,}704} + \frac{8{,}05}{22{,}4}\ \frac{1}{1{,}704}\ 200 = 3225 \text{ kcal/m}^3,$$

wobei $C_p = 8{,}05$ kcal/kmol $\cdot$ Grad die spezifische Wärme des Leuchtgases zwischen 0 und 200° C ist.

Abgaskonstante (feucht) $R = 848/27{,}61 = 30{,}71$ m/Grad.

Anfangsvolumen bezogen auf 1 Nm^3 Gas

$$V' = 1 + \lambda\,L_{\min} = 1 + 1{,}22\,\frac{1{,}05}{0{,}21} = 7{,}100 \text{ Nm}^3;$$

Endvolumen

$$V_f = 6{,}81 \text{ Nm}^3 < 7{,}10 \text{ Nm}^3; \quad \varDelta V = -0{,}29 \text{ Nm}^3$$

oder

$$\varDelta V = -\frac{CO}{2} - \frac{H_2}{2} - \sum \left(1 - \frac{n}{4}\right) C_m H_n$$

$$= -0{,}05 - 0{,}24 - 0 = -0{,}29 \text{ Nm}^3 \quad \text{wie oben.}$$

Die Kontraktionszahl ergibt sich zu

$$\alpha = V_f/V' = 6{,}81/7{,}10 = 0{,}959.$$

Aufgabe 146. Bei vollkommener Verbrennung des Leuchtgases von Aufgabe 145 werden 10,0 vH CO_2 im trockenen Abgas gemessen. Wie groß war die Luftüberschußzahl λ?

Sauerstoffkennzahl

$$\sigma = \frac{\tfrac{1}{2}(CO + H_2) + 2\,CH_4 + 3\,C_2H_4 - O_2}{CO + CH_4 + 2\,C_2H_4 + CO_2}$$

$$= \frac{\tfrac{1}{2}\cdot(0{,}10 + 0{,}48) + 2\cdot 0{,}32 + 3\cdot 0{,}04}{0{,}10 + 0{,}32 + 2\cdot 0{,}04 + 0{,}03} = 1{,}98$$

$$\lambda = \frac{0{,}21}{\sigma}\left(\frac{1}{CO_2} + \sigma - 1 - \nu\right) = \frac{0{,}21}{1{,}98}\left(\frac{1}{0{,}10} + 1{,}98 - 1 - 0{,}06\right) = 1{,}158,$$

wobei

$$\nu = N_2/(CO + CH_4 + 2\,C_2H_4 + CO_2) = 0{,}03/0{,}53 = 0{,}057$$

ist.

Aufgabe 147. Welche Verbrennungsgase entstehen bei theoretischer Verbrennung von Spiritus, der aus 96 vH Alkohol ($C_mH_nO_o = C_2H_5OH$) und 4 vH Wasser besteht? Welches ist der obere und der untere Heizwert? Spiritusdämpfe werden bei atmosphärischem Druck und 0° C innig mit 10 Nm³ Luft je kg Spiritus vermischt. Wie hoch ist die Explosionstemperatur?

Für Alkohol gilt:
Molekulargewicht

$$M = 12\,m + n + 16\,o = 12\cdot 2 + 6 + 16\cdot 1 = 46;$$

Sauerstoffbedarf

$$O_{\min} = \left(m + \frac{n}{4} - \frac{o}{2}\right)\frac{22{,}4}{M} = \left(2 + \frac{3}{2} - \frac{1}{2}\right)\frac{22{,}4}{46} = 1{,}461 \; Nm^3/kg;$$

und für den Spiritus gilt mit $w = 0{,}04$ kg/kg

$$O_{\min} = 0{,}96 \cdot 1{,}461 = 1{,}403 \; Nm^3/kg.$$

Bei der Verbrennung bilden sich

$$CO_2 = (1 - w)\,m\,\frac{22{,}4}{M} = 0{,}96 \cdot 2\,\frac{22{,}4}{46} = 0{,}935 \; Nm^3/kg;$$

$$H_2O = (1 - w)\,\frac{n}{2}\,\frac{22{,}4}{M} + 1{,}24\,w = 1{,}402 + 0{,}050 = 1{,}452 \; Nm^3/kg;$$

$$N_2 = \frac{79}{21}\,O_{\min} = \frac{79}{21}\,1{,}403 = 5{,}278 \; Nm^3/kg.$$

Menge der feuchten Verbrennungsgase

$$V_f = V_{\min} = CO_2 + H_2O + N_2 = 7{,}665 \; Nm^3/kg.$$

Der obere Heizwert von Alkohol ist $(H_o)_A = 7100$ kcal/kg; der untere Heizwert ist

$$(H_u)_A = (H_o)_A - \frac{n}{2}\,\frac{22{,}4}{M}\,4{,}80 = 7100 - 3\,\frac{22{,}4}{46}\,480 = 6400 \; kcal/kg.$$

Für den Spiritus findet man

$$H_o = (1 - w)(H_o)_A = 0,96 \cdot 7100 = 6816 \text{ kcal/kg}$$

und

$$H_u = (1 - w)\left[(H_u)_A - \frac{w}{1-w}\,597\right] = 0,96\left[6400 - \frac{0,04}{0,96}\,597\right]$$

$$= 6120 \text{ kcal/kg}.$$

1 kg Spiritus gibt verdampft rund

$$(1 - w)\frac{22,4}{M} + 1,24\,w = 0,96\,\frac{22,4}{46} + 1,24 \cdot 0,04 = 0,517 \text{ Nm}^3.$$

Werden zu 1 kg Spiritusdampf 10 Nm³ Luft zugemischt, so ist das ein Raumverhältnis von

$$0,517 : 10 \quad \text{oder} \quad \text{rd. } 4,9 \text{ vH Dampf in } 100 \text{ vH Gemisch.}$$

Die Explosionsgrenzen liegen zwischen etwa 3 und 20 vH Spiritus im Gemisch. 1 kg Spiritusdampf benötigt zur vollkommenen Verbrennung

$$O_{\min}/0,21 = 1,403/0,21 = 6,68 \text{ Nm}^3 \text{ Luft.}$$

Es bilden sich im Explosionsraum je kg Spiritus

$$CO_2 = 0,935 \text{ Nm}^3,$$
$$H_2O = 1,452 \text{ Nm}^3,$$
$$O_2 = 0,21 \cdot (10,00 - 6,68) = 0,697 \text{ Nm}^3,$$
$$N_2 = 5,278 + 0,79 \cdot (10,00 - 6,68) = 7,901 \text{ Nm}^3,$$

zusammen $V_f = 10,985$ Nm³.

Verbrennungstemperatur (adiabatisch, $V = $ konst.):

$$t = \frac{H_u\,22,4}{CO_2\,(CO_2)_v + H_2O\,(H_2O)_v + O_2\,(O_2)_v + N_2\,(N_2)_v}$$

wobei $(CO_2)_v$ den Ausdruck $[C_{vm}]_0^t$ für CO_2 usw. in kcal/kmol · Grad andeuten.

Geschätzt $t = 1900°$ C, verfeinert in $t = 1865°$ C ergibt

$$t = \frac{6120 \cdot 22,4}{0,936 \cdot 10,91 + 1,452 \cdot 8,28 + 0,697 \cdot 6,37 + 7,901 \cdot 5,94} = 1865°\text{C}$$

ohne Rücksicht auf Dissoziation.

Das Anfangsvolumen ist $V' = V_N = 0,517 + 10 = 10,517$ Nm³ bei 0° C und 760 Torr. Das Endvolumen ist $V'' = 10,985$ Nm³. Eine Menge von V'' muß nunmehr in einem Raum V' bei $t°$ C enthalten sein, wobei sich mit $T = 1865 + 273 = 2138°$ K ein Druck von

$$p = \frac{p_N V_N}{T_N}\,\frac{T}{V'} = 1,033\,\frac{10,985}{10,517}\,\frac{2138}{273} = 8,45 \text{ at abs}$$

einstellt.

Aufgabe 148. Für Leuchtgas (nach Aufgabe 145) ist die Verbrennungstemperatur zu ermitteln, wenn 22 vH Luftüberschuß angewandt werden, der Druck unveränderlich bleibt ($p \approx 1$ at abs) und die Verbrennungswärme nur in den Verbrennungsgasen aufgespeichert wird (adiabatische Verbrennung, $p =$ konst.).

$$t = \frac{H_u \, 22{,}4}{CO_2 (CO_2)_p + H_2O \, (H_2O)_p + O_2 (O_2)_p + N_2 (N_2)_p} \, .$$

Die Symbole $(CO_2)_p$ usw. sind Abkürzungen für den Ausdruck $[C_{pm}]_0^t$ für CO_2 usw., also für die mittlere spezifische Wärme bei konstantem Druck zwischen $0°$ C und $t°$ C für 1 kmol. CO_2 usw. bedeuten die Gasanteile im feuchten Verbrennungsgas in Nm^3/Nm^3 Leuchtgas.

t geschätzt $1800°$ C, verfeinert in $1828°$ C:

$$t = \frac{4848 \cdot 22{,}40}{0{,}53 \cdot 12{,}86 + 1{,}20 \cdot 10{,}23 + 0{,}23 \cdot 8{,}34 + 4{,}85 \cdot 7{,}18} = 1828° \, C.$$

Die Dissoziation von CO_2 und H_2O ist vernachlässigt. Unter Berücksichtigung von Dissoziation, die bei Temperaturen über $1400°$ C allmählich Einfluß gewinnt, würde etwa $t = 1790°$ C ermittelt. Dabei sind rd. 3 vH des Kohlendioxyds in CO und O_2 und rd. 1 vH des Wasserdampfes in H_2 und O_2 und OH aufgespalten.

Aufgabe 149. Zum Betrieb einer Dampfkraftanlage werden 0,72 kg Kohle je kWh mit 7200 kcal/kg unterem Heizwert gebraucht. Wie groß ist der wirtschaftliche Wirkungsgrad der Anlage?

$$\eta_w = \frac{860}{0{,}72 \cdot 7200} = 0{,}166 \, ,$$

d. h. 16,6 vH der mit dem Brennstoff zugeführten Wärmeenergie werden ausgenützt.

Aufgabe 150. Ein Vergasermotor leistet $N_e = 100$ kW und wird mit einem Benzin-Benzol-Gemisch ($c = 0{,}878$ kg/kg, $h = 0{,}122$ kg/kg, $H_u = 9960$ kcal/kg) bei einem Verdichtungsverhältnis $\varepsilon = 4{,}6$ betrieben. Er verbraucht $B = 35{,}1$ kg/h Brennstoff. Die angesaugte Luftmenge wird zu $V = 482{,}7 \, Nm^3/h$ gemessen. Wie groß sind wirtschaftlicher Wirkungsgrad η_w und Wärmebedarf W_e je kWh? Welches ist die Wärmebilanz des Motors bei $t_a = 582°$ C Abgastemperatur und $t_u = 26°$ C Raumtemperatur, wenn $W = 4915$ kg/h Kühlwasser von $t_1 = 18{,}4°$ C auf $t_2 = 52{,}6°$ C erwärmt werden? Wie groß ist der Luftüberschuß und die Abgaszusammensetzung? Der Motor arbeitet praktisch mit vollkommener Verbrennung. Wie hoch ist der Gütegrad, wenn für die Exponenten der Kompressions- und Expansionslinie zu $n = 1{,}35$ angenommen werden?

$$\eta_w = \frac{860 \, N_e}{B \, H_u} = \frac{860 \cdot 100}{35{,}1 \cdot 9960} = 0{,}246 \, ;$$

$$W_e = 860/\eta_w = 860/0{,}246 = 3500 \text{ kcal/kWh} ;$$

Brennstoffverbrauch

$$35,1 \cdot 1000/100 = 351 \text{ g/kWh.}$$

Wärmezufuhr = Wärmeabfuhr durch Arbeitsleistung, Auspuff, Kühlung und Leitung und Strahlung an die Umgebung.

Abgasgewicht

$$G_a = V\gamma + B = 428,7 \cdot 1,293 + 35,1 = 589,4 \text{ kg/h.}$$

Die mittlere spezifische Wärme des Abgases zwischen t_a und t_u ist rund $c_{pm} = 0,25$ kcal/kg · Grad, konstanter Druck beim Ausschieben angenommen. Bilanz:

Zufuhr:

$BH_u = 35,1 \cdot 9960 =$ . . . . 349 600 kcal/h

Abfuhr:

Nutzarbeit $860 \cdot N_e = 860 \cdot 100$ . . . . 86 000 kcal/h
mit Abgas $G_a c_{pm}(t_a - t_u) = 589,4 \cdot 0,25 \cdot 556$ . . . . 81 925 kcal/h
mit Kühlwasser $W(t_2 - t_1) = 4915 \cdot 34,2$ . . . . 168 090 kcal/h
Restglied für Leitung und Strahlung, Meßfehler, Unverbranntes .   13 585 kcal/h
zusammen   349 600 kcal/h

Sauerstoffkennzahl

$$\sigma = 1 + 3\,\frac{h}{c} = 1 + 3\,\frac{0,122}{0,878} = 1,417;$$

Luftbedarf

$$L_{\min} = 8,89\,c\,\sigma = 8,89 \cdot 0,878 \cdot 1,417 = 11,06 \text{ Nm}^3/\text{kg};$$

Luftüberschußzahl

$$\lambda = V/B\,L_{\min} = 482,7/35,1 \cdot 11,06 = 1,243;$$

Abgaszusammensetzung

$$CO_2 = \frac{0,21}{(\lambda - 0,21)\,\sigma + 0,21} = \frac{0,21}{1,033 \cdot 1,417 + 0,21} = 0,125;$$

$$O_2 = \frac{0,21\,(\lambda - 1)\,\sigma}{(\lambda - 0,21)\,\sigma + 0,21} = \frac{0,21 \cdot 0,243 \cdot 1,417}{\cdot\ 1,674} = 0,043;$$

$$N_2 = 1 - CO_2 - O_2 = 0,832.$$

Mit $\varepsilon = 4,6$ und $n = 1,35$ erhält man für den thermischen Wirkungsgrad des theoretischen Prozesses nach S. 51.

$$\eta_{th} = 1 - \frac{1}{\varepsilon^{n-1}} = 1 - \frac{1}{1,708} = 0,415$$

und mit $\eta_w = \eta_{th}\,\eta_g\,\eta_m$ bei Annahme von $\eta_m = 0,81$ als mechanischem Wirkungsgrad

$$\eta_g = \frac{\eta_w}{\eta_{th}\,\eta_m} = \frac{0,246}{0,415 \cdot 0,81} = 0,732$$

für den Gütegrad.

Aufgabe 151. Eine Dieselmaschine arbeitet mit Gasöl in der Zusammensetzung von

$$c = 0{,}835; \quad h = 0{,}11; \quad s = 0{,}015; \quad o = 0{,}01; \quad n = 0{,}03 \text{ kg/kg}$$

und einem Heizwert von $H_u = 9960$ kcal/kg, und zwar mit $B = 11{,}35$ kg/h. Das Abgas entweicht mit $CO_2 = 8{,}09$ vH. Wie groß ist das Abgasgewicht? Wie groß ist der Wirkungsgrad des idealen Vergleichsprozesses, wenn das Verdichtungsverhältnis $\varepsilon = 14{,}5$ und das Ausdehnungsverhältnis $\alpha = 2$ ist sowie $\varkappa = 1{,}35$ im Mittel angenommen wird?

Sauerstoffkennzahl

$$\sigma = 1 + \frac{3}{c}\left(h - \frac{o-s}{8}\right) = 1 + 3\,\frac{0{,}11}{0{,}835} = 1{,}396;$$

Luftbedarf

$$L_{\min} = 8{,}89\,c\,\sigma = 8{,}89 \cdot 0{,}835 \cdot 1{,}396 = 10{,}36 \text{ Nm}^3/\text{kg}$$

oder

$$1{,}293 \cdot 10{,}36 = 13{,}40 \text{ kg/kg}.$$

Luftüberschußzahl bei vollkommener Verbrennung

$$\lambda = \frac{0{,}21}{\sigma}\left(\frac{1}{CO_2} + \sigma - 1 - \nu\right) = \frac{0{,}21}{1{,}396}\left(\frac{1}{0{,}0809} + 1{,}396 - 1 - 0{,}015\right)$$

$$= 1{,}92, \quad \text{wobei} \quad \nu = \frac{n/28}{c/12} = \frac{3}{7}\,\frac{0{,}03}{0{,}835} = 0{,}0154 \quad \text{ist.}$$

Abgasgewicht

$$G_a = (\lambda L_{\min} + 1)\,B = (1{,}92 \cdot 13{,}40 + 1) \cdot 11{,}35 = 303{,}4 \text{ kg/h}.$$

Zu $\varepsilon = 14{,}5$ und $\alpha = 2$ bei $\varkappa = 1{,}35$ wird nach S. 53

$$\eta_{\text{th}} = 1 - \frac{1}{\varkappa}\,\frac{1}{\varepsilon^{\varkappa-1}}\,\frac{\alpha^{\varkappa} - 1}{\alpha - 1} = 0{,}550$$

ermittelt.

Aufgabe 152. Eine Gasturbinenanlage nach dem Gleichdruckverfahren mit einer offenen Brennkammer nach Abb. 53 verarbeitet Leichtöl mit $c = 0{,}89$ kg/kg, $h = 0{,}09$ kg/kg, $o = 0{,}02$ kg/kg und $H_u = 9710$ kcal/kg. Mit welchem Luftüberschuß arbeitet die Anlage, wenn praktisch vollkommene Verbrennung angenommen wird? Wie groß ist der wirtschaftliche Wirkungsgrad und wie groß ist der Wärmeverbrauch je kWh? Wie groß ist der effektive Wirkungsgrad der Anlage? Wie groß ist der thermische Wirkungsgrad des vergleichbaren Idealprozesses und welches ist der Gütegrad der Anlage bei 15 vH inneren Verlusten? Stelle die Wärmebilanz auf und skizziere das T, s- und p, v-Diagramm der wirklichen Anlage.

8*

Sauerstoffkennzahl

$$\sigma = 1 + \frac{3}{c}\left(h - \frac{o}{8}\right) = 1 + \frac{3}{0,89}\left(0,09 - \frac{0,02}{8}\right) = 1,299;$$

Luftbedarf

$$L_{\min} = 8,89\,\gamma_N\,c\,\sigma = 8,89 \cdot 1,293 \cdot 0,89 \cdot 1,299 = 13,30\ \text{kg/kg};$$

angewandte Luftmenge

$$BL = 33 \cdot 3600 = 118\,800\ \text{kg/h};$$

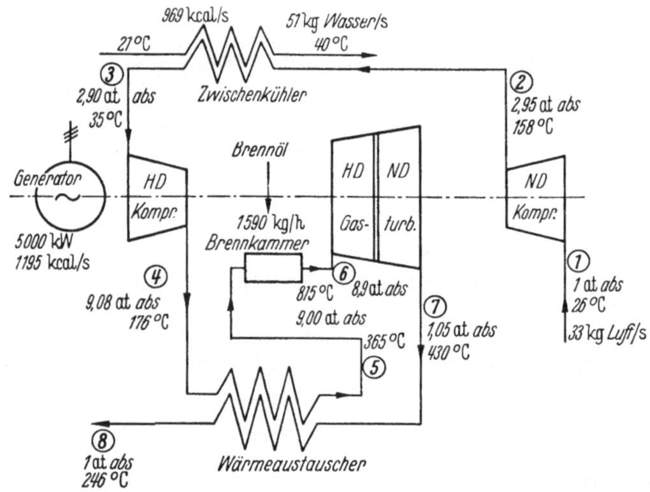

Abb. 53. Schema einer Gleichdruckturbinenanlage zu Aufgabe 152 (Gasturbine).

Brennstoffmenge

$$B = 1590\ \text{kg/h};$$
$$L = BL/B = 118\,800/1590 = 74,72\ \text{kg/kg}.$$

Luftüberschußzahl

$$\lambda = L/L_{\min} = 74,72/13,30 = 5,62;$$

Luftüberschuß

$$L - L_{\min} = 74,72 - 13,30 = 61,42\ \text{kg}.$$

Es bilden sich bei der Verbrennung

Kohlendioxyd $3,67\,c = 3,67 \cdot 0,89$ . . .	3,266 kg/kg
Wasserdampf $9\,h = 9 \cdot 0,09$	0,810 kg/kg
Stickstoff $0,77\,L_{\min} = 0,77 \cdot 13,30$ . . .	10,224 kg/kg
Feuchtes Verbrennungsgas	14,300 kg/kg
Luftüberschuß	61,420 kg/kg
Gesamtgas je kg Brennstoff	75,720 kg/kg

Das Gewicht des feuchten Verbrennungsgases rührt von 1,00 kg Brennstoff und 13,30 kg Verbrennungsluft her, zusammen 14,30 kg/kg.

Wirtschaftlicher Wirkungsgrad

$$\eta_w = \frac{860\,N_e}{B\,H_u} = \frac{860 \cdot 5000}{1590 \cdot 9710} = 0{,}2785;$$

Wärmebedarf $W_e = 860/\eta_w = 3088$ kcal/kWh.

Theoretische Leistung der Gasturbine, siehe folgende Zahlentafel: Mittlerer Exponent der Ausdehnungslinie der Verbrennungsgase

$$n = \frac{\lg p_6 - \lg p_7}{\lg v_7 - \lg v_6} = \frac{0{,}9494 - 0{,}0212}{1{,}2925 \quad 0{,}5539} = 1{,}257;$$

Ausdehnungsarbeit Summe aller $v\,dP$

$$l'_{67} = \frac{n}{n-1}\,10^4\,p_6\,v_6\left[1 - \left(\frac{p_7}{p_6}\right)^{\frac{n-1}{n}}\right]$$

$$= \frac{1{,}257}{0{,}257}\,10^4\,8{,}90 \cdot 0{,}358\,[1 - 0{,}646] = 55170 \text{ mkg/kg};$$

$$A\,L'_{67} = 55170 \cdot 33{,}44/427 = 4320 \text{ kcal/s}.$$

Darin ist das Gesamtgewicht des Verbrennungsgases

$$118800 + 1590 = 120390 \text{ kg/h} \quad \text{oder} \quad 33{,}44 \text{ kg/s}.$$

Diagramm-punkt	p atabs	v m³/kg	t ° C	T ° K	(s) kcal/kg · Grad	$[C_p]_{t_1}^{t_2}$ kcal/kg · Grad
1	1,00	0,876	26	299	0,0000	0,241
2	2,95	0,428	158	431	+0,0139	0,241
3	2,90	0,311	35	308	−0,0915	0,241
4	9,08	0,145	176	449	−0,0503	0,243
5	9,00	0,208	365	638	+0,0357	
6	8,90	0,358	815	1088	+0,1794	0,268
7	1,05	1,961	430	703	+0,2080	0,270
8	1,00	1,521	246	519	+0,1245	0,262

Punkt 1—5 Luft, Punkt 6—8 Verbrennungsgas (nahezu Luft, $\lambda = 5{,}62$)

Theoretischer Leistungsbedarf ND-Kompressor:

$$n = \frac{\lg p_2 - \lg p_1}{\lg v_1 - \lg v_2} = \frac{0{,}4698 - 0{,}0000}{0{,}9425 - 0{,}6314} = 1{,}510;$$

Die Verdichtung geht ungekühlt und überdiabatisch vor sich.

$$l'_{12} = \frac{1{,}510}{0{,}510}\,10^4 \cdot 1 \cdot 0{,}876 \cdot 0{,}441 = 11440 \text{ mkg/kg};$$

$$A\,L'_{12} = 11440 \cdot 33{,}00/427 = 884 \text{ kcal/s}.$$

Theoretischer Leistungsbedarf HD-Kompressor:

$$n = \frac{\lg p_4 - \lg p_3}{\lg v_3 - \lg v_4} = \frac{0{,}9581 - 0{,}4624}{0{,}4930 - 0{,}1611} = 1{,}494;$$

$$l'_{34} = \frac{1{,}494}{0{,}494} \cdot 10^4 \cdot 2{,}90 \cdot 0{,}311 \cdot 0{,}458 = 12\,510 \text{ mkg/kg};$$

$$A L'_{34} = 12\,510 \cdot 33{,}00/427 = 967 \text{ kcal/s}.$$

Effektiver Wirkungsgrad

$$\eta_e = \frac{884 + 967 + 1195}{4320} = 0{,}705,$$

wobei die 5000 kW-Generatorleistung $860 \cdot 5000/3600 = 1195$ kcal/s entsprechen.

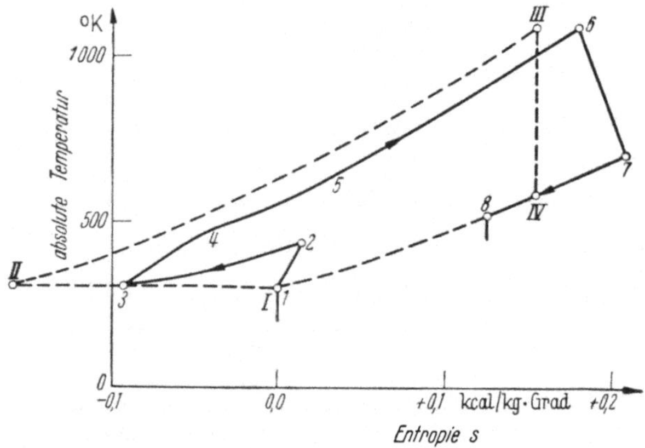

Abb. 54. T,s-Diagramm zu Aufgabe 152 (gestrichelt Idealprozeß). *1–2* ND-Kompressor; *2–3* Zwischenkühler; *3–4* HD-Kompressor; *4–5* Wärmeaustauscher; *5–6* Brennkammer; *6–7* Gasturbine; *7–8* Wärmeaustauscher.

Für den Idealprozeß gemäß Abb. 28, S. 57, gilt

$$\eta_{\text{th}} = 1 - \frac{T_{\text{IV}} - T_{\text{I}} + \dfrac{\varkappa - 1}{\varkappa} T_{\text{I}} \ln(p_{\text{II}}/p_{\text{I}})}{T_{\text{III}} - T_{\text{I}}}$$

mit I bis IV an Stelle von 1 bis 4. Wählt man

$$T_{\text{I}} = 299° \text{ K}; \quad p_{\text{I}} = 1{,}00 \text{ at abs};$$

$$T_{\text{III}} = 1088° \text{ K}; \quad p_{\text{II}} = 9{,}00 \text{ at abs};$$

$$T_{\text{IV}} = T_{\text{III}} \left(\frac{p_{\text{I}}}{p_{\text{II}}}\right)^{\frac{\varkappa-1}{\varkappa}} = 1088 \left(\frac{1}{9}\right)^{0{,}286} = \frac{1088}{1{,}873} = 581° \text{K};$$

so erhält man

$$\eta_{\text{th}} = 1 - \frac{581 - 299 + 0{,}286 \cdot 299 \ln 9}{1088 - 299} = 0{,}404.$$

Gütegrad der Anlage, wobei $\eta_m \approx \eta_e/0,85 = 0,705/0,85 = 0,829$ ist

$$\eta_g = \frac{\eta_w}{\eta_{\text{th}}\,\eta_m} = \frac{0,278}{0,404 \cdot 0,829} = 0,831$$

verglichen mit obigem Idealprozeß.

Wärmebilanz:

Wärmezufuhr

$B H_u/3600 = 1590 \cdot 9710/3600$	4289 kcal/s =	95,42 vH
mit der Luft $33 \cdot 0,24 \cdot 26$	206 kcal/s =	4,58 vH
	4495 kcal/s =	100,00 vH

Wärmeabfuhr

mit elektrischer Leistung (η_w)	1195 kcal/s =	26,59 vH
im Zwischenkühler	969 kcal/s =	21,56 vH
Abgaswärme $33,44 \cdot 0,242 \cdot 246$	1991 kcal/s =	44,29 vH
Wärmeverluste sonstiger Art	340 kcal/s =	7,56 vH
	4495 kcal/s =	100,00 vH

Der wirtschaftliche Wirkungsgrad ist mit 26,59 vH etwas geringer als oben mit 27,85 vH, weil die Wärmezufuhr mit der angesaugten Verbrennungsluft (26° C warm) hier mit aufzuführen ist, wenn man die Wärmebilanz auf 0° C bezieht. Die Ausbeute erscheint günstiger, wenn man die Bilanz auf 26° C beziehen würde. Bemer-

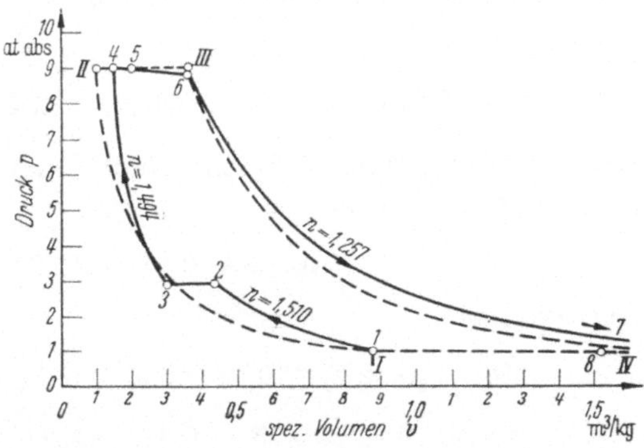

Abb. 55. p,v-Diagramm zu Aufgabe 152 (gestrichelt Ideal-prozeß).

kenswert ist die große Abwärme mit 44,29 vH, die man herabzudrücken trachtet, um den Prozeß noch zu verbessern.

Der wirkliche Prozeß sowie der Idealprozeß sind in Abb. 54/55 skizziert.

Aufgabe 153. Bei der Verbrennung einer Gasflammkohle mit

c	h	o	n	s	w	a
66,58	4,55	8,12	0,89	1,06	8,18	10,62

kg in 100 kg (Gewichtsprozent) und einem unteren Heizwert von $H_u = 6450$ kcal/kg werden im Abgas 10,2 vH CO_2 und 1,4 vH CO und 6,8 vH O_2 (Raumprozente) festgestellt. Zu ermitteln sind Luftüberschußzahl λ, Abgasmengen V_f und V_t, Abgasverlust Q_a bei 210° C Abgastemperatur und $-5°$ C Umgebungstemperatur sowie Verlust durch Unverbranntes Q_u. Im festen Verbrennungsrückstand soll sich nichts Brennbares mehr befinden ($\alpha = 1$).

Sauerstoffkennzahl

$$\sigma = 1 + \frac{3}{0{,}6658}\left(0{,}0455 - \frac{0{,}0706}{8}\right) = 1{,}165;$$

Luftüberschußzahl λ aus

$$(\lambda - 1)\,\sigma = \frac{O_2 + CO_2 + 0{,}5 \cdot CO}{CO_2 + CO} - 1$$

ergibt

$$\lambda = \frac{1}{1{,}165}\,\frac{0{,}068 + 0{,}102 + 0{,}007}{0{,}102 + 0{,}014} - \frac{1}{1{,}165} + 1 = 1{,}451;$$

Volumen der trockenen Verbrennungsgase

$$V_t = \frac{1{,}87\,c}{CO_2 + CO} = \frac{1{,}87 \cdot 0{,}6658}{0{,}116} = 10{,}73\,\mathrm{Nm^3/kg}.$$

Ferner werden

$$11{,}20\,h + 1{,}24\,w = 11{,}20 \cdot 0{,}0455 + 1{,}24 \cdot 0{,}0818 = 0{,}611\,\mathrm{Nm^3/kg}$$

Wasserdampf gebildet. Damit findet man die Menge der feuchten Verbrennungsgase zu

$$V_f = 10{,}73 + 0{,}61 = 11{,}34\,\mathrm{Nm^3/kg}.$$

Abgasverlust

$$Q_a = [0{,}32\,V_t + 0{,}48 \cdot (9\,h + w)]\,(t_2 - t_1)$$

$$= [0{,}32 \cdot 10{,}73 + 0{,}48 \cdot 0{,}491] \cdot 215 = 789\,\mathrm{kcal/kg}.$$

Verlust durch Unverbranntes

$$Q_u = 5640\,c\,\frac{CO}{CO + CO_2} = 5640 \cdot 0{,}6658\,\frac{0{,}014}{0{,}116} = 453\,\mathrm{kcal/kg}.$$

Anteilige Verluste

$$q_a = 100\,\frac{789}{6450} = 12{,}23\,\mathrm{vH} \quad \text{und} \quad q_u = 100\,\frac{453}{6450} = 7{,}03\,\mathrm{vH},$$

zusammen $q_a + q_u = 19{,}3\,\mathrm{vH}$ an Wärmeverlusten.

Aufgabe 154. Wie groß sind Luftüberschußzahl λ und Verlust durch Unverbranntes Q_u, wenn bei der Verbrennung nach Aufgabe 153 im Abgas auch noch 0,6 vH H_2 und 0,2 vH CH_4 gefunden werden und sich im festen Verbrennungsrückstand (Asche, Schlacke) noch 16 vH Unverbranntes (praktisch Kohlenstoff) befinden? ($1 - \alpha = 0{,}16$ und $\alpha = 0{,}84$).

Aus

$$(\lambda - 1)\,\sigma + 1 = \alpha\,\frac{O_2 + CO_2 + \frac{1}{2}\,CO - \frac{1}{2}\,H_2 - CH_4}{CO_2 + CO + CH_4}$$

folgt

$$\lambda = \frac{0,84}{1,165}\;\frac{0,068 + 0,102 + 0,007 - 0,003 - 0,002}{0,102 + 0,014 + 0,002} - \frac{1}{1,165} + 1 = 1,193;$$

$$V_t = \frac{\alpha\,1,87\,c}{CO_2 + CO + CH_4} = \frac{0,84 \cdot 1,87 \cdot 0,6658}{0,102 + 0,014 + 0,002} = 8,86\;\text{Nm}^3/\text{kg}.$$

Verlust durch Unverbranntes

$$
\begin{aligned}
Q_u &= V_t\,(3020\;CO + 3050\;H_2 + 9520\;CH_4) + (1 - \alpha)\,8000\\
&= 8,86 \cdot (3020 \cdot 0,014 + 3050 \cdot 0,006 + 9520 \cdot 0,002) + 0,16 \cdot 8000\\
&= 706 + 1280 = 1986\;\text{kcal/kg}
\end{aligned}
$$

oder anteilig

$$q_u = 100\,\frac{1986}{6450} = 31\;\text{vH}$$

des Kohlenheizwertes.

Aufgabe 155. Wie groß ist der Verlust durch Unverbranntes in Aufgabe 147, wenn an der Mindestluftmenge von $L_{\min} = 6,68\;\text{Nm}^3/\text{kg}$ Spiritus 5 vH fehlen und kein Sauerstoff oder Wasserstoff in den Verbrennungsgasen enthalten ist? Wie setzen sich die Verbrennungsgase zusammen?

Sauerstoffkennzahl

$$\sigma = 1 + \frac{n - 2\,o}{4\,m} = 1 + \frac{6 - 2}{8} = 1,5;$$

Kohlenstoffgehalt

$$c = (1 - w)\,m\,\frac{C}{M} = 0,96 \cdot 2\,\frac{12}{46} = 0,501\;\text{kg/kg}$$

mit $C = 12$ als Molekulargewicht von Kohlenstoff.

Kohlenoxyd im Verbrennungsgas bei $\lambda = 0,95$:

$$CO = \frac{0,42\,\sigma(1 - \lambda)}{0,79\,\lambda\,\sigma + 0,21} = \frac{0,42 \cdot 1,5 \cdot 0,05}{0,79 \cdot 0,95 \cdot 1,5 + 0,21} = 0,0236;$$

$$CO + CO_2 = \frac{0,21}{0,79\,\lambda\,\sigma + 0,21} = \frac{0,21}{0,79 \cdot 0,95 \cdot 1,5 + 0,21} = 0,1572.$$

Verlust durch Unverbranntes

$$Q_u = 5640\,c\,\frac{CO}{CO + CO_2} = 5640 \cdot 0,501\,\frac{0,0236}{0,1572} = 424\;\text{kcal}$$

je kg Spiritus, oder anteilig

$$q_u = 100\,Q_u/H_u = 100 \cdot 424/6120 = 6,93\;\text{vH}.$$

Anteilige Zusammensetzung der trockenen Verbrennungsgase:

$$CO_2 = (CO + CO_2) - CO = 15{,}72 - 2{,}36 = 13{,}36 \text{ vH};$$

$$CO = 2{,}36 \text{ vH}; \quad O_2 = 0 \text{ vH}; \quad N_2 = 100 - (CO + CO_2) = 84{,}28 \text{ vH}.$$

Menge der trockenen Verbrennungsgase

$$N_2 = (1 - \lambda)\, 0{,}79 \cdot O_{min}/0{,}21 = 0{,}95 \cdot 0{,}79 \cdot 1{,}403/0{,}21 = 5{,}014 \text{ Nm}^3/\text{kg};$$

$$V_t = 5{,}014/0{,}8428 = 5{,}949 \text{ Nm}^3/\text{kg Spiritus}$$

gegen $7{,}665 - 1{,}452 = 6{,}213 \text{ Nm}^3/\text{kg}$ bei vollkommener Verbrennung
$(\lambda = 1)$.

Sachverzeichnis.

721/70/52. — III/18/203.